轴向运动梁和面内运动板的振动特性分析

梁儒全　唐有绮　张登博　著

中国科学技术出版社
·北　京·

图书在版编目（CIP）数据

轴向运动梁和面内运动板的振动特性分析 / 梁儒全，唐有绮，张登博著 .
北京：中国科学技术出版社，2025. 8.

ISBN 978-7-5236-1585-0

Ⅰ. O32

中国国家版本馆 CIP 数据核字第 2025F4U932 号

责任编辑　王　菡
封面设计　东方视点
正文设计　中文天地
责任校对　吕传新
责任印制　徐　飞

出　　版　中国科学技术出版社
发　　行　中国科学技术出版社有限公司
地　　址　北京市海淀区中关村南大街 16 号
邮　　编　100081
发行电话　010-62173865
传　　真　010-62173081
网　　址　http://www.cspbooks.com.cn

开　　本　720mm × 1000mm　1/16
字　　数　160 千字
印　　张　8.25
版　　次　2025 年 8 月第 1 版
印　　次　2025 年 8 月第 1 次印刷
印　　刷　涿州市京南印刷厂
书　　号　ISBN 978-7-5236-1585-0
定　　价　69.00 元

前言

轴向运动结构具有沿某一方向运动的特性，可简化为多种工程元件的力学模型，它们广泛存在于自然界、实际生活以及工程实际等各个领域中。比如：动力传输带、电梯升降机缆绳、带锯、纺织纤维、传送带、磁带、录音带等。轴向速度的变化和张力的摄动导致系统在运动过程中产生较大的横向振动，因此对轴向运动结构动力学特性的研究具有重要意义。

本文以轴向运动梁和面内运动板为研究对象，建立了它们的动力学模型，分别采用理论分析和数值模拟两种方式研究了它们的振动特性。具体研究内容如下：

第一章中，阐明了论文的研究目的和意义，论述了运动结构及其相关领域的研究背景和现状，介绍了本文研究的主要内容和创新点。

第二章中，使用能量法建立了轴向运动梁的积分–偏微分的数学模型，给出了其耦合控制方程组、非齐次边界条件以及初始条件，引入了轴向变张力，进而从机理上导出加速度与张力的内在联系。将内共振引入动态稳定性的求解当中，应用直接多尺度法导出了弱耗散系统的更加敏感的失稳边界。研究了弹性地基、有限支撑刚度、黏弹性系数和黏性阻尼系数对参数共振和 3∶1 内共振的影响。最后，应用微分求积法对直接多尺度方法进行了数值验证。

第三章重新考察了轴向变速运动黏弹性 Timoshenko 梁的动态稳定性。由于梁加速度的存在，引入了径向变化的轴力，考虑了有限支撑刚度对轴力的影响。应用广义哈密尔顿原理建立了梁的耦合平面运动的控制方程和相关的边界条件。黏弹性本构关系采用 Kelvin 模型并引入了物质时间导数。采用直接多尺度法分析了梁的参数稳定性。作为非线性振动分析的基础，导出了其线性自由振动的模态函数和固有频率。通过可解性条件和 Routh-Hurwitz 判据得到了组合以及次谐波参数共振的稳定性边界。应用微分求积法对控制方程进行数值求解。微分求积法验证了直接多尺度方法得到的近似解析结果。

第四章研究了轴向变张力作用下面内运动板的自由振动。首先，根据广义哈密尔顿原理导出了面内平动黏性阻尼板的横向振动偏微分方程、相应的边界条件和初始条件。采用复模态法对两种阻尼模型进行求解，得到了其固有频率、模态函数和临界速度。其次，分别分析了不同黏性阻尼系数、轴向速度、长宽比、刚度比和支承刚度对固有频率和临界速度的影响。最后，使用微分求积法验证了解析结果。

第五章研究了非齐次边界条件和纵向变张力作用下面内变速运动黏弹性板的动态稳定性。首先采用能量法，基于 Kelvin 黏弹性本构关系，得到纵向变张力作用下面内变速运动板的控制方程和相应的边界条件及初始条件。其次，采用多尺度法重点研究了变速条件下变张力对面内运动板动态稳定性的影响。同时也分析了黏弹性系数、黏性阻尼系数等相关参数对稳定性边界的影响。最后，采用微分求积法对近似解析结果进行数值验证。

在第六章中，运用解析和数值方法研究了考虑内共振时的面内平动非线性黏弹性板的稳态响应。采用直接多尺度法得到了其可解性条件，根据 Routh-Hurwitz 判据判断了其稳定性。在面内平动板的研究中，采用二维完全模型和一维简化模型，发展微分求积方法数值求解了线性派生系统和完全非自治系统，验证了直接多尺度方法得到的近似解析结果。

目 录

第一章　轴向运动梁和面内运动板振动特性研究概述　001

第一节　研究背景和意义　001

第二节　国内外研究现状　002

第三节　论文的主要研究内容和创新点　008

第二章　轴向变张力作用下轴向变速运动黏弹性梁的非线性振动　010

第一节　建模　010

第二节　直接多尺度分析　013

第三节　可解性条件　018

第四节　稳态响应及其稳定性　020

第五节　数值验证　027

第六节　小结　033

第三章　轴向变速运动黏弹性 Timoshenko 梁　035

第一节　数学模型　035

第二节　直接多尺度分析　038

第三节　组合参数共振　043

第四节　次谐波参数共振　051

第五节　数值验证　057

第六节　小结　058

第四章　变张力作用下面内平动黏性阻尼板的自由振动 061
第一节　建模 061
第二节　无量纲化 063
第三节　系统的振动模态函数和固有频率 064
第四节　线性派生系统的临界速度 071
第五节　数值验证 073
第六节　小结 077

第五章　变张力作用下面内变速运动板的动态稳定性 079
第一节　直接多尺度分析 079
第二节　组合参数共振 081
第三节　主共振 089
第四节　数值验证 094
第五节　小结 096

第六章　面内变速平动非线性黏弹性板稳态响应 098
第一节　直接多尺度分析 098
第二节　有内共振时的次谐波参数振动 100
第三节　数值验证 109
第四节　小结 112

第七章　总结与展望 114
第一节　总结全文 114
第二节　展望 117

参考文献 118

第一章

轴向运动梁和面内运动板振动特性研究概述

第一节 研究背景和意义

轴向运动结构具有沿某一方向运动的特点，其普遍存在于大自然、现实生活和工程应用等各个领域中。这些轴向运动结构包括动力传送装置、电梯缆绳、锯片、纺织纤维、传送机皮带、录音带等。

工程振动问题一向是科学和工程技术研究范围内的重要课题。目前，国内的相关机械设备正朝着复杂、高速、自动、绿色的方向发展。然而，传输速度往往导致系统运动结构沿横向发生振动现象。在大多数情况下，这些横向振动是有害的，它可能会导致工作效率下降、工程装置过早的损坏、机械加工精度降低和工程元件疲劳寿命下降等，从而限制了轴向运动结构的实际应用效果。例如，在造纸生产中，由于纸张的刚度较小，纸张的振动对环境比较敏感，气流过大会导致耦合振动引起巨大的噪声，因而会导致车间工作环境恶劣，若振动过于强烈，将会阻碍机器的正常运行，影响生产效率；在纺织机械工作过程中，纱线的运动常常伴随着横向振动，振幅的增大对纺织品的品质有不利的影响；在汽车发动机系统中，皮带的高速转动会引起大幅度的振动，这可能会造成皮带的磨损，影响发动机动力的传输效率和可靠性，给环境带来大量的噪声污染；在带锯装置中，高速运转的刀片也会产生一定幅度的振动，这将导致刀片的加工质量下降，影响刀片加工精度；在新能源及新材料领域中，在进行电池极板生产的过程中横向方向和轴向方向上会产生有害的耦合振动，这将造成工程结构损坏和精度降低，大大限制其应用效果，并导致产品不合格率增加；在磁带装置中，磁带的振动会使磁头和磁带加速磨损，降低播放设备和磁带的使用寿命。但是在某些情况下，合理地运用振动也能提高生产效率、改善加工工艺。例如，在气流纺纱中，合理提高纺纱过程中的振动频率和幅值可以有效地提升纱线的品质；在医疗器械领域中，计算机断层扫描（CT）和核磁共振成像技术的应用，为临床试验和医学研究提供了极为重要的数据参考；在土木工程领域中，利用振动破碎机可以对大型石块进行破碎，利用振动夯土机来夯实地面，使用振捣器对混凝土进行捣实；在石油开采领域中，分别利用非线性振动的应力波和弹性波进行地质勘探和提高原油产量；在海洋工程领域中，可以利用海水的波动产生的能量进行绿色发电。当前各类可模型化为轴向运动结构的工程应用大多采用低速运动，这种速度模式成为工程应用设计中的软肋，即不能生产最优化。随着我国工业装备自动化水平的提高，轴向运动结构的发展速度也要随之提高，即结构的设计要适合高速运动的情况。因此，为了适应当前工业的发展要求，研究轴向运动结构的横向振动问题具有重要工程意义和经济意义。

目前广泛采用的轴向运动结构包括轴向运动弦线、梁、薄膜以及板等模型。从力学角度而言，梁模型和板模型为基本模型，它们不但具有陀螺连续体的共性还具有陀螺连续体的特性。从数学模型角度而言，轴向运动结构属于无穷维陀螺连续系统，陀螺项的存在对动力学分析提出重要的理论要求。轴向运动梁和面内运动板的控制方程及其非齐次边界条件都属于时变系统，这给问题的求解带来诸多技术困难。因此，研究轴向运动梁和面内运动板的横向振动问题具有深远的科学研究价值。

第二节　国内外研究现状

关于轴向运动结构横向振动的探索，最早可以从 1878 年 Aiken 的实验观测和分析说起。自 20 世纪后半叶，轴向运动结构的横向振动问题已受到国际振动研究学者的广泛关注，国内外众多学者都对其进行了研究，并取得了一系列瞩目的科研成果。

一、轴向运动梁

轴向运动结构最普遍的振动模型是轴向运动梁。在以往关于轴向运动梁的研究中，大多数研究对象为轴向匀速运动梁，但是在工程实际中梁的轴向运动存在加速度。目前，轴向变速运动梁横向振动的研究是其中的一个重要的课题，已有众多学者研究了轴向变速运动梁的非线性参数振动。这些研究中多尺度法有着广泛的应用。Öz、Pakdemirli 和 Boyaci 应用多尺度法研究了具有时变速度的轴向运动梁的非线性振动和稳态响应。杨晓东采用多尺度法和平均法研究了轴向变速运动梁参数共振的稳定性，并分析了加速度对非线性运动梁横向振动特性的影响。Chen 和 Yang 研究了脉动速度下轴向运动黏弹性 Euler 梁的稳态响应，并对偏微分和积分 – 偏微分两种非线性模型进行了比较。Ghayesh 等研究了轴向运动黏弹性 Rayleigh 梁的非线性参数共振和稳定性。Ghayesh 和 Balar 通过直接多尺度法分别研究了转动惯量和温度对轴向运动黏弹性 Timoshenko 梁的非线性振动、稳态响应和稳定性的影响。丁虎使用多尺度法研究了轴向变速运动黏弹性梁的振动特性问题，并进行了数值验证。Tang 和 Chen 分析了轴向变速运动弹性 Timoshenko 梁的参数共振。陈立群和丁虎建立了轴向变速黏弹性梁横向振动的非线性模型，采用多尺度法研究了梁的非线性参数振动，并用有限差分法对轴向变速黏弹性梁进行了数值验证。Ding 和 Chen 应用微分求积法研究了轴向变速黏弹性梁的非线性动力学行为。Ghayesh 和 Balar 研究了轴向运动 Timoshenko 梁的非线性参数振动和稳定性。Chen、Zhang 和 Yang 研究了高维轴向变速黏弹性梁的非线性动力学行为。Chen、Ding 和 Lim 应用多尺度法和微分求积法研究了轴向变速运动黏弹性梁的主参数共振。Sahoo 等应用直接多尺度法研究了轴向时变运动梁的参数共振和内共振。

在以上所有关于轴向变速运动梁的研究中，都是假设梁的张力沿轴向一致。因此，以往的研究只是近似地解决振动的相关问题但并不确切，为了解决上述方法的缺陷，Chen 和 Tang 首次引入了轴向变化张力，研究了轴向运动梁的组合共振和主共振。唐有绮采用多尺度法分析了轴向变张力作用下轴向变速运动黏弹性梁的动态稳定性，并用微分求积法进行了数值验证。Chen 和 Tang 引入轴向变张力研究了轴向运动体的参数稳定性。Tang 等引入轴向变张力研究了轴向加速 Timoshenko 梁的稳定性。然而，迄今为止，关于轴向运动梁的轴向变张力的应用仍然很少，相关研究需要进一步开展。

在工程实际中，例如在带锯的滑轮安装系统中，它们的支撑刚度不是无限的。Mote 首次采用有限支撑刚度，通过引入支撑刚度参数揭示了张力对轴向速度的依赖性。目前，Chen 和 Tang 采用了相关概念研究了轴向加速运动梁的非线性振动。

内共振是指系统产生振动时，不同模态间的能量相互转化，甚至当系统的一个模态受到激励时，系统的这个模态上的能量能够完全传递到其他阶模态上。Riedel 和 Tan 研究了内共振下轴向运动长条板的耦合受迫振动。Chen 等研究了轴向加速弦线在内共振和纵向变张力作用下的非线性横向振动。Panda 和 Kar 研究了有参数共振和内共振的输液管道的非线性动力学行为，并且研究了有组合参数共振、主共振和内共振的输液管道的非线性动力学行为。冯志华和胡海岩采用多尺度法研究简支梁的非线性振动，得到了简支梁的 3∶1 内共振和主共振；此外，他们还研究了简支梁的 3∶1 内共振和组合参数共振。陈树辉和黄建亮采用多元 L–P 法和 Galerkin 法研究了非线性振动梁的内共振，此后，又使用上述两种方法研究了具有内共振的非线性轴向运动体横向振动的联合共振问题，另外，他们使用增量谐波平衡法分析了在纵向与横向振动耦合作用下轴向运动梁非线性振动的内共振问题。Sze 等通过增量谐波平衡法分析了轴向运动梁的非线性振动。Chen 等应用多维林滋泰德 – 庞加莱方法研究了轴向运动梁的非线性振动。Huang 等研究了轴向运动梁在 3∶1 内共振情况下的稳定性和分岔。Ghayesh 通过伽辽金离散法研究了轴向运动黏弹性梁在内共振情况下的非线性受迫动力学行为。Ghayesh 等使用伽辽金离散法研究了轴向运动梁在谐波激励情况下的亚临界和超临界动力学行为。Ghayesh 等采用伽辽金离散法研究了轴向运动梁在内共振情况下的非线性耦合振动。Tang 和 Chen 应用直接多尺度法研究了面内运动板在有无 3∶1 内共振情况下的非线性自由振动。Sahoo、Panda 和 Pohit 研究了具有时变速度的轴向运动梁的参数共振和内共振。此外，他们还研究了在双频率参数激励下轴向变速运动梁的组合参数共振、主共振和内共振。

在以往的直接多尺度分析中，为了更容易在计算上处理控制方程，轴向运动结构都是采用确切的边界条件，即齐次边界条件。显然，在工程实际中，黏弹性的引入导致在边界中产生非齐次项。因此，对非齐次边界条件下轴向运动结构的横向振动问题有待进一步的深入研究。

上述所述的轴向运动 Euler 梁模型只适用于细长结构梁。一般认为，梁的长度必须大于截面高度 5 倍以上。若将轴向运动 Euler 梁的理论用于较短粗的梁，则会产生较大误差，此时梁的剪切变形和截面转动惯量的影响变得不可忽略。用于分析剪切变形和截面转动惯量效应的更精确的梁模型，被称为轴向运动 Timoshenko 梁。轴向运动 Timoshenko 梁不同于轴向运动弦线和 Euler 梁，它具有一个自变量和两个因变量。

由于在轴向运动 Timoshenko 梁中考虑的因素非常周全，因此其精确度很高，但是计算过程却相对复杂。虽然静止的 Timoshenko 梁已经有了广泛的研究，但是对轴向运动 Timoshenko 梁的研究工作还很少。Lee、Kim 和 Oh 应用谱单元法研究了有均匀轴力的轴向运动 Timoshenko 梁，通过与传统的有限元解和精确解析解的对比，验证了谱单元法高精确度。Tang、Chen 和 Yang 研究了不同边界条件下轴向运动 Timoshenko 梁的固有频率、模态以及临界速度。杨晓东和唐有绮应用复模态分析方法研究了两端简支条件下轴向运动 Timoshenko 梁横向振动的振动特性。唐有绮对轴向运动 Timoshenko 梁的横向非线性振动的动力学特性进行了详尽的分析。Tang、Chen 和 Yang 应用多尺度方法研究了弱激励和强激励条件下轴向运动 Timoshenko 梁的受迫振动。Tang、Chen 和 Yang 应用多尺度方法分析了轴向变速运动 Timoshenko 梁的非线性振动。杨晓东、唐有绮和戈新生研究了两端简支边界条件下 Timoshenko 模型轴向运动梁的横向振动问题，分别应用复模态分析方法和 Galerkin 方法求解系统的固有频率。Yang、Tang、Chen 和 Lim 应用平均法分析了轴向变速运动 Timoshenko 梁的参数共振。Ghayesh 和 Balar 应用多尺度方法研究了两种模型的轴向变速运动 Timoshenko 梁的非线性振动。

显然以上均是关于轴向运动弹性 Timoshenko 梁的研究。到目前为止，关于轴向运动黏弹性 Timoshenko 梁的文献仅有 Chen、Tang 和 Lim 在 2010 年对轴向加速运动黏弹性 Timoshenko 梁参数共振的研究。由此可见，关于轴向运动黏弹性 Timoshenko 梁的研究工作尚待开展。对于轴向运动弹性 Timoshenko 梁、静止的弹性 Timoshenko 梁和静止的黏弹性 Timoshenko 梁均可以对两个耦合方程进行解耦来求解。但是，对于轴向运动黏弹性 Timoshenko 梁，两个耦合方程能否解耦？可否找到合适的理论来研究轴向运动黏弹性 Timoshenko 梁？

本论文将试图回答关于轴向运动 Timoshenko 梁的研究过程。

二、面内运动板

面内运动板的振动归属于连续结构动力学，它在结构动力学研究领域中占重要角色。但直到 19 世纪初，才有学者开始着手对其进行研究。关于弹性板横向振动的研究历史，最早可追溯到 1821 年，Navier 对不同边界情况下的弹性板做了大量的研究，进而建立了经典弹性板理论。1987 年，Leissa 分析了面内运动薄板在不同边界情况下的非线性振动，随后他对薄板的非线性振动进行了综述。此外，Sathyamoorthy 也对薄板的非线性振动进行了较系统的综述。Ulsoy 和 Mote 把大型带锯片简化为对边简支对边自由的面内平动板来研究，采用里兹法和有限元法研究了板横向和扭转耦合振动的固有频率和稳定性。Lengoc 和 Mccallion 也把大型带锯片简化为对边简支对边自由的面内平动板来研究，分析了面内运动板在受到非保守切削力时的横向振动的问题，同时，他们还研究了面内运动板在受到切向载荷的横向振动的问题，此外，他们还研究了面内运动板在受到参数激励情况下的横向振动的问题。Lin 和 Mote 分析了横向荷载作用下的轴向运动板的平衡位移和应力分布。Wang 应用混合有限元法，根据陀螺矩阵公式，人为地在简支边界条件中引入了阻尼，然后对面内平动正交各向异性薄板做了数值分析。Luo 和 Hutton 研究了具有陀螺力和面内力的面内平动三角板的动力学方程。Kim 等通过模态谱元法分析了面内运动板的自由振动问题。Luo 和 Hamidzadeh 采用假设模态法研究了面内高速运动板的平衡和屈服稳定性。Hatami、Azhari 和 Saadatpour 采用精确有限条法研究了弹性地基上的多跨度运动板的自由振动和稳定性，应用数值算例得到了具体的固有频率和临界速度，他们还通过近似解析有限条法分析了离散和离散弹性支撑的面内运动板。此外，他们还研究了精确和半解析有限条法，中间支撑板的自由振动和动态稳定性以及利用经典板理论，面内平动复合板的自由振动。

以上研究工作均是关于面内平动弹性板的，而面内平动黏弹性板的研究工作还比较少。Hatami 等应用精确有限条法研究了面内运动黏弹性板的自由振动。Zhou 和 Wang 分析了矩形板的固有频率和稳定性。Marynowski 将黏弹性理论应用于两端简支和两端自由的面内平动板，研究了其自由振动和动态稳定性。Tang 和 Chen 研究了在平面应力作用下轴向运动板的非线性振动。唐有绮使用多尺度法研究了面内平动黏弹性板的自由振动和参数稳定性问题。

当面内平动速度逐渐增大时，板的固有频率也会依次消失，系统中致使发生压杆失稳时的速度称为临界速度。当面内运动板的平动速度大于临界速度时，板在零平衡位置失去稳定性。Tang 和 Chen 采用复模态法研究了面内运动板的自由振动问题。Wickert 和 Mote 研究了二阶模态和四阶模态在发生发散失稳时的临界速度。Lin 分别研究了面内运动板在对边简支对边自由边界条件下的稳定性和振动特性以及有限宽度对面内运动板临界速度的影响。

以往关于黏性阻尼结构横向振动的研究可以分成两类。第一类模型为全导模型：黏性阻尼力与横向位移对时间的全导数成正比。例如，Chen 和 Zhang 研究了轴向运动弦线在张紧装置条件下的自适应振动控制。Nguyen 和 Hong 研究了轴向运动弦线在鲁棒自适应边界控制的情况下变张力的非线性行为。Chen、Huang 和 Shih 研究了 Timoshenko 梁在黏弹性地基简谐运动负荷下的振动情况。Hedrih 研究了轴向运动三角带的横向振动。第二类模型为偏导模型：黏性阻尼力与横向位移对时间的偏导数成正比。例如，Li 和 Rahn 研究了自适应解耦相邻跨度的旋转辊轴，隔离了相邻跨度上有界扰动的控制跨度，分析了轴向运动梁的自适应隔振。此外，Li 和 Rahn 还研究了振动控制器，它通过驱动器能够耦合轴向运动弦线系统的控制跨度和不稳定跨度，在理论和实践上分析了轴向运动弦线的自适应隔振。Metrikine 和 Dieterman 研究了作用在黏弹性地基上的 Euler–Bernoulli 梁的匀速运动。Jakšic 和 Boltezar 对比分析了不同情况下的黏性阻尼对轴向运动弦线的影响。Zabaras 和 Pervez 采用有限元法研究了复合板的近似黏性阻尼。Ghayesh 和 Amabili 研究了轴向运动板的几何非线性动力学，构建了系统在亚临界和超临界状态下 Poincaré 结构图的分叉图。Ghayesh、Amabili 和 Païdoussis 采用 Von–Kármán 板理论研究了在受迫振动情况下轴向运动板的非线性动力学行为。到目前为止，这两类模型之间在定性和定量上的区别还不清楚。

目前，关于面内平动板在参数共振情况下的动态稳定性的研究还比较少。Lee 和 Ng 基于哈密顿原理和假设模态法研究了面内平动矩形板在轴向加速和轴力摄动条件下的动态稳定性。Yang、Chen 和 Jean 利用伽辽金法和微分求积法研究了面内平动矩形对称正交复合板的自由振动和稳定性，利用多尺度法分析了其主共振和组合共振。Tang 和 Chen 研究了在参数共振条件下具有时变速度的面内平动黏弹性板的稳定性并进行了数值验证。Tang 和 Chen 应用直接多尺度法研究了面内平动黏弹性板在 3∶1 内共振情况下受迫振动的主共振。Tang 和 Chen 研究了面内变速运动板的参数共振和内共振。

第三节 论文的主要研究内容和创新点

一、主要研究内容

本文主要研究了轴向变张力作用下轴向运动梁和面内运动板的振动特性。结构安排如下：

第一章介绍了本论文研究内容的来源，阐明了论文的研究背景和意义，综述了目前国内外学者对轴向运动梁和面内运动板的振动特性的研究状况和存在的一些问题。

第二章主要研究了轴向变张力作用下轴向运动梁的非线性振动。引入了弹性地基和轴向变张力，考虑了黏弹性系数、黏性阻尼系数和有限支撑刚度对参数共振和 3∶1 内共振的影响。首先，应用广义哈密尔顿原理建立了轴向变张力作用下轴向变速运动黏弹性梁的耦合控制方程、初始条件和相应的非齐次边界条件。其次，应用直接多尺度法得到了可解性条件，分析了非线性振动梁的稳态响应和稳定性。将内共振引入动态稳定性的求解当中，导出了内共振时弱耗散系统的更加敏感的失稳边界。再次，采用一些数值例子，描述了不同的控制参数对系统动态稳定性的影响。最后，利用微分求积法在数值上验证了轴向变张力作用下轴向运动梁的近似解析结果。

第三章重新考察了轴向变速运动黏弹性 Timoshenko 梁的动态稳定性。由于梁加速度的存在，引入了径向变化的轴力；考虑了有限支撑刚度对轴力的影响。应用广义哈密尔顿原理建立了梁的耦合平面运动的控制方程和相关的边界条件。黏弹性本构关系采用 Kelvin 模型并引入了物质时间导数。采用直接多尺度法分析了梁的参数稳定性。作为非线性振动分析的基础，导出了其线性自由振动的模态函数和固有频率。通过可解性条件和 Routh-Hurwitz 判据得到了组合以及次谐波参数共振的稳定性边界。应用微分求积法对控制方程进行数值求解。微分求积法验证了直接多尺度方法得到的近似解析结果。

第四章主要研究了变张力作用下面内平动黏性阻尼板的自由振动。首先，应用能量法，基于 Kelvin 黏弹性本构关系，导出面内平动黏性阻尼板的横向振动偏微分方程和相应的边界条件和初始条件。应用直接多尺度法给出了对应于两种阻尼模型的四边简支板的控制方程，进而研究了带有黏性阻尼的面内平动阻尼板的固有频率、模态函数和临界速度。其次，分别考虑了黏性阻尼系数、轴向速度、长宽比、刚度比和支承刚度对固有频率和临界速度的影响。最后，利用微分求积法在数值上验证了面内平动板的近似解析结果。

第五章主要考察了非齐次边界条件和纵向变张力作用下面内变速运动黏弹性板的动态稳定性。使用能量法，基于 Kelvin 黏弹性本构关系，得到纵向变张力作用下面内变速运动板的控制方程和相应的边界条件。由直接多尺度法重点研究了变速条件下变张力的变化对运动板动态稳定性的影响。将内共振引入动态稳定性的求解当中，导出内共振时弱耗散系统的更加敏感的失稳边界。选取一些数值例子，描述黏弹性系数、黏性阻尼系数和其他参数对稳定性边界条件的影响。利用微分求积法在数值上验证了面内平动板的近似解析结果。

第六章重点研究了有内共振时的面内变速平动非线性黏弹性板的稳态响应。采用直接多尺度法分析了其稳态响应，根据可解性条件和 Routh-Hurwitz 判据判断了其稳定性。对于板的二维完全模型和一维离散模型，发展了微分求积方法数值验证了直接多尺度方法的近似解析结果。

第七章对全文进行了总结，对未来的研究工作进行了展望。

二、创新点

本文创新点主要包括以下几点：

第一，引入了轴向变化的张力，从机理上导出轴向加速度与轴力之间的内在关联性，丰富了人们对于轴向变速运动结构振动的认识。

第二，将内共振引入到动态稳定性的求解当中，导出内共振时弱耗散系统的更加敏感的失稳边界，扩展了内共振在振动中的应用范围。

第三，根据广义哈密尔顿原理，系统地建立了积分－偏微分型的数学模型，给出了其控制方程组、非齐次边界条件以及初始条件，发展了有非齐次边界条件的陀螺连续体多尺度分析的可解性条件及其应用，发展了微分求积方法和离散傅里叶变换数值验证了直接多尺度方法的近似解析结果。

第二章

轴向变张力作用下轴向变速运动黏弹性梁的非线性振动

本章将研究轴向变速运动黏弹性梁的 3∶1 内共振和主共振。引入弹性地基，考虑有限支撑刚度、黏弹性系数和黏性阻尼对参数共振和 3∶1 内共振的影响。首先，建立轴向变张力作用下轴向变速运动黏弹性梁的耦合控制方程组、初始条件和相应的非齐次边界条件。在之前的研究中都假设边界条件是齐次的，但是本章重点强调非齐次边界条件对非线性振动的影响。其次，应用直接多尺度法得到可解性条件，进而分析非线性振动梁的稳态响应和稳定性。给定具体参数值，分析不同的控制参数对系统动态稳定性的影响。最后，利用微分求积法进行数值验证。

第一节　建模

考虑密度为 ρ，弹性模量为 E，黏弹性系数为 α，横截面面积为 A，轴向初始张力为 P_0（梁的初始张力是指梁静止时的张力），支撑两端间的长度为 L，梁的轴向运动速度为 $\Gamma(t)$，t 为时间。使用 Euler–Bernoulli 梁模型，即在模型中忽略剪切变形和转动惯量的影响。假设梁的变形局限于竖直平面内，其耦合振动平面由横向位移 $v(x,t)$ 和轴向位移 $u(x,t)$ 描述。梁的物理模型如图 2–1 所示。

由作用于 x 方向的轴力 P 和地基作用下的外力引起的势能 U 为

$$U=\int_0^L\left\{P\left[\sqrt{\left(1+u_{,x}\right)^2+v_{,x}^2}-1\right]+\frac{1}{2}k_s v^2\right\}\mathrm{d}x \tag{2–1}$$

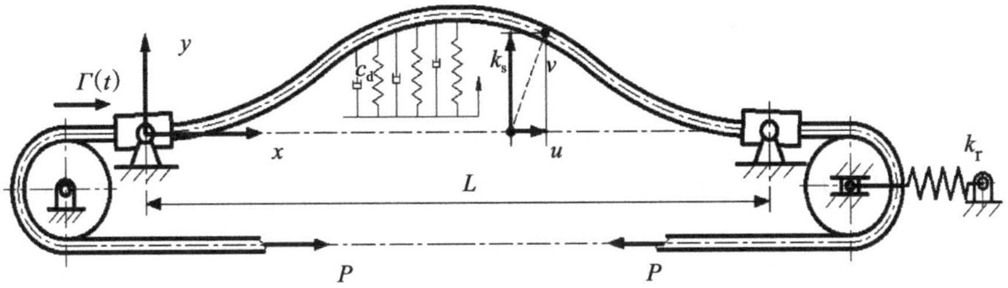

图 2-1　梁的物理模型

其中，k_s 表示地基单位长度上的刚度，下标中的“,”表示偏微分。

取梁的微单元，应用牛顿第二定律，得到轴向变化的拉力 P 可以近似表示为

$$P = P_0 + \eta\rho A\Gamma^2 + (x - L)\rho A\dot{\Gamma} \tag{2-2}$$

其中 P_0 是单位长度上的初始张力，方程（2-2）右侧的第三项表示由加速度导致的纵向变张力。当 $x=L$ 时，方程（2-2）的右端变为 $P_0+\eta\rho A\Gamma^2$，其中，η 表示轴向支撑刚度参数，其变化区域为［0，1］，其具体表达式为 $\eta=1/[1+k_r/(2EA/L)]$，k_r 表示支撑刚度。当 $k_r\to+\infty$ 时，支撑刚度参数 $\eta=0$；当 $k_r\to 0$ 时，支撑刚度参数 $\eta=1$。由于并没有考虑加速度和轴向加速引起梁的变形的影响，所以上式仅是近似解。

梁的动能 T 为

$$\begin{aligned} T &= \frac{1}{2}\int_0^L \rho A\left[\left(\Gamma + \frac{\mathrm{d}u}{\mathrm{d}t}\right)^2 + \left(\frac{\mathrm{d}v}{\mathrm{d}t}\right)^2\right]\mathrm{d}x \\ &= \frac{1}{2}\int_0^L \rho A\left[\left(\Gamma + u_{,t} + \Gamma u_{,x}\right)^2 + \left(v_{,t} + \Gamma v_{,x}\right)^2\right]\mathrm{d}x \end{aligned} \tag{2-3}$$

其中 $\Gamma+u_{,t}+\Gamma u_{,x}$ 表示梁轴向振动的动能；$v_{,t}+\Gamma v_{,x}$ 表示梁横向振动的动能。

梁的变形功的变分 δW_d 为

$$\delta W_{\mathrm{d}} = -\int_0^L \int_{-h/2}^{h/2} \sigma_x \delta\varepsilon_x \,\mathrm{d}y\,\mathrm{d}x \tag{2-4}$$

其中 σ_x 表示梁的正应力，ε_x 表示梁的正应变，h 表示梁的厚度，z 表示横截面上一点到中性层的长度。

应变—位移关系为

$$\varepsilon_x = -zv_{,xx} + \sqrt{\left(1 + u_{,x}\right)^2 + v_{,x}^2} - 1 \tag{2-5}$$

梁的黏弹性本构关系为

$$\sigma_x = E\varepsilon_x + \alpha\left(\varepsilon_x,_t + \Gamma\varepsilon_x,_x\right) \tag{2-6}$$

梁的有用功的变分 δW_e 为

$$\begin{aligned}\delta W_\mathrm{e} &= -\int_0^L c_\mathrm{d}\left(\frac{\mathrm{d}u}{\mathrm{d}t}\delta u + \frac{\mathrm{d}v}{\mathrm{d}t}\delta v\right)\mathrm{d}x \\ &= -\int_0^L c_\mathrm{d}\left[\left(u,_t + \Gamma u,_x\right)\delta u + \left(v,_t + \Gamma v,_x\right)\delta v\right]\mathrm{d}x\end{aligned} \tag{2-7}$$

其中 c_d 表示黏性阻尼系数，我们假设黏性阻尼分布在梁的整个跨度上，阻尼力随梁的横向速度线性变化。在工程实际中梁作轴向运动时会产生能量耗散，在简化模型中，黏性阻尼可以有效地模拟这一状况。

由广义哈密尔顿原理得

$$\delta\int_{t_1}^{t_2}(T-U)\mathrm{d}t + \int_{t_1}^{t_2}\left(\delta W_\mathrm{d} + \delta W_\mathrm{e}\right)\mathrm{d}t = 0 \tag{2-8}$$

把方程（2–1）、方程（2–3）、方程（2–4）以及（2–7）[与相关联的方程（2–2）、方程（2–5）以及方程（2–6）] 代入方程（2–8）中，得到梁的控制方程为

$$\begin{aligned}&\rho A\left(u,_{tt} + 2\Gamma u,_{xt} + \dot{\Gamma} + \dot{\Gamma}u,_x + \Gamma^2 u,_{xx}\right) \\ &+ c_\mathrm{d}\left(u,_t + \Gamma u,_x\right) - \frac{\partial}{\partial x}\left[\frac{\left(P + A\sigma_{xN}\right)\left(1 + u,_x\right)}{\sqrt{\left(1 + u,_x\right)^2 + v,_x^2}}\right] = 0\end{aligned} \tag{2-9}$$

$$\begin{aligned}&\rho A\left(v,_{tt} + 2\Gamma v,_{xt} + \dot{\Gamma}v,_x + \Gamma^2 v,_{xx}\right) + I\left[Ev,_{xxxx} + \alpha\left(v,_{xxxxt} + \Gamma v,_{xxxxx}\right)\right] \\ &+ k_\mathrm{s}v + c_\mathrm{d}\left(v,_t + \Gamma v,_x\right) - \frac{\partial}{\partial x}\left[\frac{\left(P + A\sigma_{xN}\right)v,_x}{\sqrt{\left(1 + u,_x\right)^2 + v,_x^2}}\right] = 0\end{aligned} \tag{2-10}$$

如果不计黏性阻尼系数和地基刚度，则方程（2–9）和方程（2–10）的控制方程相同。

在以往关于非线性振动的小变形有限拉伸问题的研究中，假定横向和轴向振动之间的耦合忽略不计，只有少数低阶非线性项需要保留。与梁支座的距离相比，纵向和横向位移很小，因此，我们只考虑横向运动。基于这样的假设，u 和 v 以及它们的位移导数都是小量，由于纵向位移远远小于横向位移，因此我们假设 $u=O(v^2)$。由方程（2–9）和方程（2–10）得到梁横向非线性

振动的控制方程可以简化为

$$\begin{aligned}&\rho A\left(v_{,tt}+2\Gamma v_{,xt}+\Gamma^2 v_{,xx}\right)-\left[P_0+\eta\rho A\Gamma^2+\left(x-L\right)\rho A\dot{\Gamma}\right]v_{,xx}\\&+I\left[Ev_{,xxxx}+\alpha\left(v_{,xxxxt}+\Gamma v_{,xxxxx}\right)\right]+k_{\mathrm{s}}v+c_{\mathrm{d}}\left(v_{,t}+\Gamma v_{,x}\right)-\frac{EA}{2L}v_{,xx}\int_0^L v_{,x}^{\,2}\,\mathrm{d}x=0\end{aligned}\tag{2-11}$$

在 x 方向上使用简支边界条件，则

$$\begin{aligned}&v\big|_{x=0}=0,\quad I\left[Ev_{,xx}+\alpha\left(v_{,xxt}+\Gamma v_{,xxx}\right)\right]\Big|_{x=0}=0,\\&v\big|_{x=L}=0,\quad I\left[Ev_{,xx}+\alpha\left(v_{,xxt}+\Gamma v_{,xxx}\right)\right]\Big|_{x=L}=0\end{aligned}\tag{2-12}$$

将方程（2–11）和方程（2–12）引入以下无量纲变量

$$\begin{aligned}&v\leftrightarrow\frac{v}{\sqrt{\varepsilon}L},\ x\leftrightarrow\frac{x}{L},\ t\leftrightarrow\frac{t}{L}\sqrt{\frac{P_0}{\rho A}},\ \gamma=\Gamma\sqrt{\frac{\rho A}{P_0}},\ k_{\mathrm{f}}=\sqrt{\frac{EI}{P_0L^2}},\\&\alpha\leftrightarrow\frac{\alpha I}{\varepsilon L^3\sqrt{\rho AP_0}},\ k_{\mathrm{N}}=\sqrt{\frac{EA}{P_0}},\ k_{\mathrm{s}}\leftrightarrow\frac{k_{\mathrm{s}}L^2}{P_0},\ c_{\mathrm{d}}\leftrightarrow\frac{c_{\mathrm{d}}L}{\varepsilon\sqrt{\rho AP_0}}\end{aligned}\tag{2-13}$$

上式中引入的 ε 是一个无量纲参数，表示黏弹性系数 α 和黏性阻尼系数都是小量。方程（2–11）和方程（2–12）化简后得到无量纲形式的控制方程和边界条件为

$$\begin{aligned}&v_{,tt}+2\gamma v_{,xt}+\left[\kappa\gamma^2-\left(x-1\right)\dot{\gamma}-1\right]v_{,xx}+k_{\mathrm{f}}^2v_{,xxxx}+k_{\mathrm{s}}v\\&=\frac{1}{2}\varepsilon k_{\mathrm{N}}^2v_{,xx}\int_0^1 v_{,x}^{\,2}\,\mathrm{d}x-\varepsilon c_{\mathrm{d}}\left(v_{,t}+\gamma v_{,x}\right)-\varepsilon\alpha\left(v_{,xxxxt}+\gamma v_{,xxxxx}\right)\end{aligned}\tag{2-14}$$

$$\begin{aligned}&v\big|_{x=0}=0,\quad\left[k_{\mathrm{f}}^2v_{,xx}+\varepsilon\alpha\left(v_{,xxt}+\gamma v_{,xxx}\right)\right]\Big|_{x=0}=0\\&v\big|_{x=1}=0,\quad\left[k_{\mathrm{f}}^2v_{,xx}+\varepsilon\alpha\left(v_{,xxt}+\gamma v_{,xxx}\right)\right]\Big|_{x=1}=0\end{aligned}\tag{2-15}$$

其中 $\kappa=1-\eta$。

第二节　直接多尺度分析

利用直接多尺度法分析弱非线性分布参数系统的近似解析解，研究其内共振和主共振。设梁的平动速度有小周期脉动，即

$$\gamma\left(t\right)=\gamma_0+\varepsilon\gamma_1\sin\left(\omega t\right)\tag{2-16}$$

式中，γ_0 表示平均速度；γ_1 表示脉动幅值；ω 表示脉动频率。把方程（2–16）代入方程（2–14）及方程（2–15）中，整理得到

$$\begin{aligned}&v_{,tt}+2\gamma_0 v_{,xt}+\left(\kappa\gamma_0^2-1\right)v_{,xx}+k_{\mathrm{f}}^2 v_{,xxxx}+k_{\mathrm{s}}v\\&=-\varepsilon\Big[c_{\mathrm{d}}\left(v_{,t}+\gamma_0 v_{,x}\right)+\alpha\left(v_{,xxxxt}+\gamma_0 v_{,xxxxx}\right)+2\gamma_1\sin(\omega t)\left(v_{,xt}+\kappa\gamma_0 v_{,xx}\right)\\&\quad+(1-x)\omega\gamma_1\cos(\omega t)v_{,xx}-\frac{1}{2}k_{\mathrm{N}}^2 v_{,xx}\int_0^1 v_{,x}^2\,\mathrm{d}x\Big]+O\left(\varepsilon^2\right)\end{aligned}\tag{2-17}$$

$$\begin{aligned}&v\big|_{x=0}=0,\ \left[k_{\mathrm{f}}^2 v_{,xx}+\varepsilon\alpha\left(v_{,xxt}+\gamma_0 v_{,xxx}\right)+O\left(\varepsilon^2\right)\right]\Big|_{x=0}=0\\&v\big|_{x=1}=0,\ \left[k_{\mathrm{f}}^2 v_{,xx}+\varepsilon\alpha\left(v_{,xxt}+\gamma_0 v_{,xxx}\right)+O\left(\varepsilon^2\right)\right]\Big|_{x=1}=0.\end{aligned}\tag{2-18}$$

其中 $T_0=t$ 和 $T_1=\varepsilon t$ 分别表示快时间尺度和慢时间尺度。方程（2–17）的解可表示为

$$v(x,t;\varepsilon)=v_0\left(x,T_0,T_1\right)+\varepsilon v_1\left(x,T_0,T_1\right)+O\left(\varepsilon^2\right)\tag{2-19}$$

把方程（2–19）和下式

$$\frac{\partial}{\partial t}=\frac{\partial}{\partial T_0}+\varepsilon\frac{\partial}{\partial T_1},\ \frac{\partial^2}{\partial t^2}=\frac{\partial^2}{\partial T_0^2}+2\varepsilon\frac{\partial^2}{\partial T_0\partial T_1}+O\left(\varepsilon^2\right)\tag{2-20}$$

代入方程（2–17）和方程（2–18）中，然后分别提取 ε^0 和 ε^1 的系数项，得到

$$\varepsilon^0:\ v_{0,T_0T_0}+2\gamma_0 v_{0,xT_0}+\left(\kappa\gamma_0^2-1\right)v_{0,xx}+k_{\mathrm{f}}^2 v_{0,xxxx}+k_{\mathrm{s}}v_0=0\tag{2-21}$$

$$\varepsilon^0:\ v_0\big|_{x=0}=0,\ v_0\big|_{x=1}=0;\ k_{\mathrm{f}}^2 v_{0,xx}\big|_{x=0}=0,\ k_{\mathrm{f}}^2 v_{0,xx}\big|_{x=1}=0.\tag{2-22}$$

$$\begin{aligned}\varepsilon^1:\ &v_{1,T_0T_0}+2\gamma_0 v_{1,xT_0}+\left(\kappa\gamma_0^2-1\right)v_{1,xx}+k_{\mathrm{f}}^2 v_{1,xxxx}+k_{\mathrm{s}}v_1=-c_{\mathrm{d}}\left(v_{0,T_0}+\gamma_0 v_{0,x}\right)\\&-\alpha\left(v_{0,xxxxT_0}+\gamma_0 v_{0,xxxxx}\right)-2\left(v_{0,T_0T_1}+\gamma_0 v_{0,xT_1}\right)-(1-x)\omega\gamma_1\cos(\omega t)v_{0,xx}\\&-2\gamma_1\sin(\omega t)\left(v_{0,xT_0}+\kappa\gamma_0 v_{0,xx}\right)+\frac{1}{2}k_{\mathrm{N}}^2 v_{0,xx}\int_0^1 v_{0,x}^2\,\mathrm{d}x\end{aligned}\tag{2-23}$$

$$\begin{aligned}\varepsilon^1:\ &v_1\big|_{x=0}=0,\ \left[k_{\mathrm{f}}^2 v_{1,xx}+\alpha\left(v_{0,xxT_0}+\gamma_0 v_{0,xxx}\right)\right]\Big|_{x=0}=0\\&v_1\big|_{x=1}=0,\ \left[k_{\mathrm{f}}^2 v_{1,xx}+\alpha\left(v_{0,xxT_0}+\gamma_0 v_{0,xxx}\right)\right]\Big|_{x=1}=0.\end{aligned}\tag{2-24}$$

方程（2–21）为系统自由振动的控制方程。由分离变量法设方程（2–21）的解的形式为

$$v_0\left(x,T_0,T_1\right)=\sum_{n=1}^{\infty}A_n\left(T_1\right)\varphi_n(x)\mathrm{e}^{\lambda_n T_0}+cc\tag{2-25}$$

其中 A_n 表示待定的复函数；φ_n 表示第 n 阶模态；$\lambda_n=\delta_n+\mathrm{i}\omega_n$ 表示第 n 阶复频率；

cc 表示等式（2–25）右端前一项的共轭复数。λ_n 的虚部 ω_n 表示固有频率；实部 δ_n 表示衰减率。为避免计算结果中出现无物理意义的数值，因此，固有频率的值不能随意选择，即它不能是一个负数。衰减率出现负值或者零值表示线性派生系统在衰变时间内稳定运动；衰减率出现正值表示线性派生系统在衰变时间内做失稳运动，并呈指数增长。如果固有频率为零并且衰减率有一个或一个以上的正值，则系统会发生叉式失稳现象并导致系统变得不稳定；如果固有频率和衰减率都有一个或者一个以上的正值，则系统发生颤振失稳现象并变得不稳定。

将方程（2–25）代入方程（2–21）中，得到

$$\left(\lambda_n^2+k_{\mathrm{s}}\right)\varphi_n+2\lambda_n\gamma_0\varphi_n'+\left(\kappa\gamma_0^2-1\right)\varphi_n''+k_{\mathrm{f}}^2\varphi_n''''=0 \tag{2–26}$$

方程（2–26）的解可表示为

$$\varphi_n\left(x\right)=C_{1n}\left(\mathrm{e}^{\mathrm{i}\beta_{1n}x}+C_{2n}\,\mathrm{e}^{\mathrm{i}\beta_{2n}x}+C_{3n}\,\mathrm{e}^{\mathrm{i}\beta_{3n}x}+C_{4n}\,\mathrm{e}^{\mathrm{i}\beta_{4n}x}\right) \tag{2–27}$$

其中 $C_{nj}(j=1,\ 2,\ 3,\ 4)$ 表示待定的常数，$\beta_{jn}(j=1,\ 2,\ 3,\ 4)$ 表示常微分方程（2–34）的特征方程的特征根。把方程（2–27）代入方程（2–26）中，整理得到

$$\beta_n^4+f_1\beta_n^2+f_2\beta_n+f_3=0\quad\left(n=1,2,\cdots\right) \tag{2–28}$$

得到

$$\begin{aligned}&\beta_{1n}=g_1-\frac{1}{2}\sqrt{g_2-g_3},\ \ \beta_{2n}=g_1+\frac{1}{2}\sqrt{g_2-g_3},\\&\beta_{3n}=-g_1-\frac{1}{2}\sqrt{g_2+g_3},\ \ \beta_{4n}=-g_1+\frac{1}{2}\sqrt{g_2+g_3}.\end{aligned} \tag{2–29}$$

其中

$$\begin{aligned}&g_1=\frac{1}{2}\sqrt{-\frac{2f_1}{3}+\frac{\sqrt[3]{2}g_4}{3\sqrt[3]{g_5+\sqrt{g_5^2-4g_4^3}}}+\frac{\sqrt[3]{g_5+\sqrt{g_5^2-4g_4^3}}}{3\sqrt[3]{2}}},\ \ g_2=-2f_1-4g_1^2,\\&g_3=\frac{f_2}{g_1},\ \ g_4=f_1^2+12f_3,\ \ g_5=2f_1^3+27f_2^2-72f_1f_3,\\&f_1=\frac{1-\kappa\gamma_0^2}{k_{\mathrm{f}}^2},\ \ f_2=\frac{2\mathrm{i}\gamma_0\lambda_n}{k_{\mathrm{f}}^2},\ \ f_3=\frac{\lambda_n^2+k_{\mathrm{s}}}{k_{\mathrm{f}}^2}.\end{aligned} \tag{2–30}$$

将方程（2–27）代入边界条件方程（2–22）中，整理得到梁的固有频率为

$$\begin{aligned}&\left[e^{i(\beta_{1n}+\beta_{2n})}+e^{i(\beta_{3n}+\beta_{4n})}\right]\left(\beta_{1n}^2-\beta_{2n}^2\right)\left(\beta_{3n}^2-\beta_{4n}^2\right)+\left[e^{i(\beta_{1n}+\beta_{3n})}+e^{i(\beta_{2n}+\beta_{4n})}\right]\\&\cdot\left(\beta_{3n}^2-\beta_{1n}^2\right)\left(\beta_{2n}^2-\beta_{4n}^2\right)+\left[e^{i(\beta_{2n}+\beta_{3n})}+e^{i(\beta_{1n}+\beta_{4n})}\right]\left(\beta_{2n}^2-\beta_{3n}^2\right)\left(\beta_{1n}^2-\beta_{4n}^2\right)=0\end{aligned}\tag{2-31}$$

从方程（2–31）中可以解出线性派生系统的第 n 阶固有频率 ω_n 和第 n 阶衰减率 δ_n。

将从方程组解出的非零解代入方程（2–27）中，得到系统的模态函数为

$$\begin{aligned}\varphi_n(x)=C_{1n}&\left\{e^{i\beta_{1n}x}-\frac{\left(\beta_{4n}^2-\beta_{1n}^2\right)\left(e^{i\beta_{3n}}-e^{i\beta_{1n}}\right)}{\left(\beta_{4n}^2-\beta_{2n}^2\right)\left(e^{i\beta_{3n}}-e^{i\beta_{2n}}\right)}e^{i\beta_{2n}x}+\frac{\left(\beta_{4n}^2-\beta_{1n}^2\right)\left(e^{i\beta_{2n}}-e^{i\beta_{1n}}\right)}{\left(\beta_{4n}^2-\beta_{3n}^2\right)\left(e^{i\beta_{2n}}-e^{i\beta_{3n}}\right)}e^{i\beta_{3n}x}\right.\\&\left.-\left[1-\frac{\left(\beta_{4n}^2-\beta_{1n}^2\right)\left(e^{i\beta_{3n}}-e^{i\beta_{1n}}\right)}{\left(\beta_{4n}^2-\beta_{2n}^2\right)\left(e^{i\beta_{3n}}-e^{i\beta_{2n}}\right)}-\frac{\left(\beta_{4n}^2-\beta_{1n}^2\right)\left(e^{i\beta_{2n}}-e^{i\beta_{1n}}\right)}{\left(\beta_{4n}^2-\beta_{3n}^2\right)\left(e^{i\beta_{2n}}-e^{i\beta_{3n}}\right)}\right]e^{i\beta_{4n}x}\right\}\end{aligned}\tag{2-32}$$

图 2–2（a）给出了系统前四阶衰减率 δ_n 与平均速度的变化关系；图 2–2（b）给出了系统前四阶固有频率 ω_n 与平均速度的变化关系。在图 2–2（a）和（b）中，参数设置为 $k_f=0.2$、$k_s=0.72$ 和 $\kappa=0.5$。在图 2–2（a）中，实线、虚线、点划线以及点线分别表示第一、第二、第三以及第四阶衰减率；在图 2–2（b）中，实线、虚线、点划线以及点线分别表示第一、第二、第三以及第四阶固有频率。观察图 2–2（a）和（b）可以看出，当 $0<\gamma_0\leqslant1.71$ 时，面内平动速度越大，固有频率则越小，衰减率恒为零，显然，此时的系统是稳定的；在 $\gamma_0=1.72$ 处，第一阶固有频率消失，第一阶衰减率出现正数值，此时的速度我们称之为临界速度；当 $2.28\leqslant\gamma_0\leqslant2.43$ 时，第一阶衰减率再次变为零，系统恢复稳定状态；当 $\gamma_0\geqslant2.44$ 时，衰减率和固有频率都出现正值，第一和第二阶固有频率发生耦合，系统出现颤振失稳现象。此后，系统变得更加复杂并且没有稳定区域。

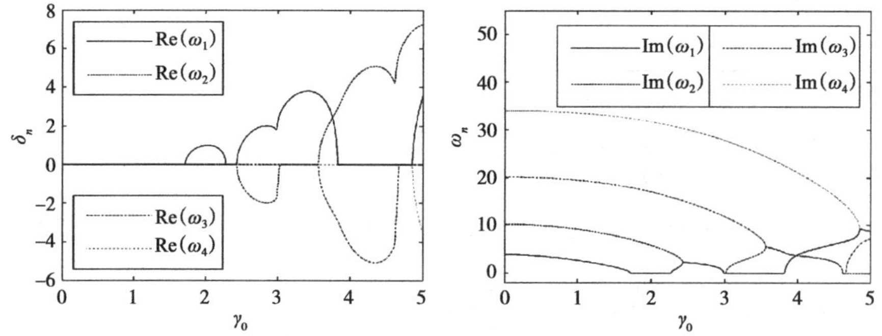

（a）衰减率　（b）固有频率

图 2–2　轴向运动梁前四阶复频率随面内平动速度的变化

在地基刚度变化的条件下，图 2–3 给出了系统的前四阶固有频率与轴向平均速度的变化关系。实线、虚线、点划线以及点线分别表示第一、第二、第三以及第四阶固有频率。参数设置为 k_f=0.2、γ_0=1 和 κ=0.5。可以看出，若设置一个亚临界平均速度，地基刚度越大，固有频率也越大。因此，地基刚度越大，临界速度也越大。

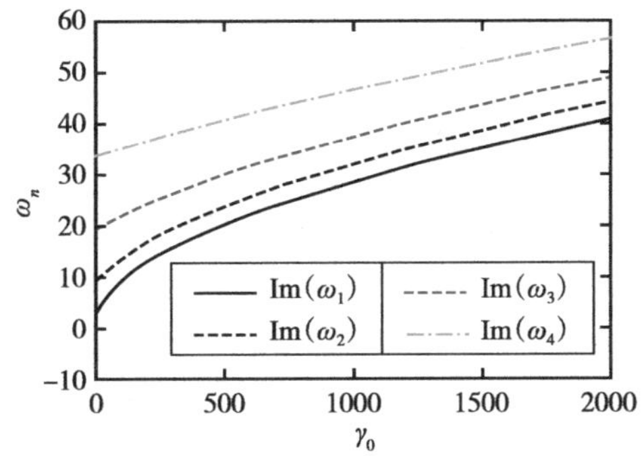

图 2–3　轴向运动梁前四阶固有频率随地基刚度的变化

由三角函数和指数函数的关系可知：$\cos(\omega t)=(e^{i\omega t}+e^{-i\omega t})/2$ 和 $\sin(\omega t)=(e^{i\omega t}-e^{-i\omega t})/2i$。因此，把方程（2–25）代入方程（2–23）中，可以得到方程等号右端是关于 $\omega=\pm\omega_m\pm\omega_n$,（$m$，$n$=1，2，…）的齐次线性共振系统。可以通过线性派生系统低阶固有频率的某些特定系统参数值的组合得到原系统可能存在的内共振和相关模态函数的非线性相互作用。不同的组合共振可能会导致系统响应的直接激励模态和间接激励模态涉及模态之间的能量交换。由于阻尼和模态的存在，所有模态会随时间的增加而衰减，因此，所涉及的模态将有助于长期系统响应。我们分析了在特定情况下，线性派生系统的前两阶模态在一定范围的平均速度下的相互作用情况。当 γ_0=0.68874 时，系统的第一阶固有频率为 ω_1=3.225355493，第二阶固有频率为 ω_2=9.676049245。从 ω_1 和 ω_2 的数值关系可以看出，ω_2 几乎是 ω_1 的 3 倍，即 $\omega_2\approx3\omega_1$。由此可推断，系统可能发生 3∶1 内共振。若前两阶模态的固有频率之比为 3∶1，则系统内共振致使非线性模态交互影响，能量可以在两模态之间转换。假定在高阶模态中没有其他等量的频率关系，这样就排除了非线性模态相互作用在前两阶模态外的可能性。在亚临界加速度范围内，我们研究主共振。因此，引入解谐参数 σ_1 和 σ_2，

近似的描述 ω_2 与 $3\omega_1$ 以及 ω 与 $2\omega_1$ 之间的接近程度。将前两阶模态的内共振和主共振的频率关系表示为

$$\omega_2 = 3\omega_1 + \varepsilon\sigma_1,\quad \omega = 2\omega_1 + \varepsilon\sigma_2. \tag{2-33}$$

其中 ω_n（n=1，2）表示由方程（2–21）和方程（2–22）所定义的 ε^0 阶系统的第 n 阶固有频率。方程（2–21）的解可表示为

$$v_0(x,T_0,T_1) = \varphi_1(x)A_1(T_1)\mathrm{e}^{\mathrm{i}\omega_1 T_0} + \varphi_2(x)A_2(T_1)\mathrm{e}^{\mathrm{i}\omega_2 T_0} + cc \tag{2-34}$$

把方程（2–34）代入方程（2–23）中，得到

$$\begin{aligned}
&v_{1,T_0T_0} + 2\gamma_0 v_{1,xT_0} + \left(\kappa\gamma_0^2 - 1\right)v_{1,xx} + k_\mathrm{f}^2 v_{1,xxxx} + k_\mathrm{s} v_1 \\
&= -\Bigg[2\zeta_0\dot{A}_1 + \left(c_\mathrm{d}\zeta_0 + \alpha\zeta_1\right)A_1 + \gamma_1\zeta_2 A_2\mathrm{e}^{\mathrm{i}(\sigma_1-\sigma_2)T_1} + \gamma_1\zeta_3\bar{A}_1\mathrm{e}^{\mathrm{i}\sigma_2 T_1} \\
&\quad - \frac{1}{2}k_\mathrm{N}^2\zeta_4 A_2\bar{A}_1^2\mathrm{e}^{\mathrm{i}\sigma_1 T_1} - \frac{1}{2}k_\mathrm{N}^2\zeta_5 A_1^2\bar{A}_1 - k_\mathrm{N}^2\zeta_6 A_2 A_1\bar{A}_2\Bigg]\mathrm{e}^{\mathrm{i}\omega_1 T_0} \\
&\quad - \Bigg[2\xi_0\dot{A}_2 + \left(c_\mathrm{d}\xi_0 + \alpha\xi_1\right)A_2 + \gamma_1\xi_2 A_1\mathrm{e}^{\mathrm{i}(\sigma_2-\sigma_1)T_1} - \frac{1}{2}k_\mathrm{N}^2\xi_3 A_1^3\mathrm{e}^{-\mathrm{i}\sigma_1 T_1} \\
&\quad - \frac{1}{2}k_\mathrm{N}^2\xi_4 A_2^2\bar{A}_2 - k_\mathrm{N}^2\xi_5 A_2 A_1\bar{A}_1\Bigg]\mathrm{e}^{\mathrm{i}\omega_2 T_0} + cc + \mathrm{NST}
\end{aligned} \tag{2-35}$$

其中符号上的“.”表示对慢时间 T_1 的导数；符号上的“–”表示复数共轭；NST 表示非久期项。且

$$\begin{aligned}
&\zeta_0 = \mathrm{i}\omega_1\varphi_1 + \gamma_0\varphi_1',\ \zeta_1 = \mathrm{i}\omega_1\varphi_1'''' + \gamma_0\varphi_1''''',\ \zeta_2 = \left[(1-x)\omega_1 + \mathrm{i}\kappa\gamma_0\right]\varphi_2'' - \omega_2\varphi_2', \\
&\zeta_3 = \left[(1-x)\omega_1 - \mathrm{i}\kappa\gamma_0\right]\bar{\varphi}_1'' - \omega_1\bar{\varphi}_1',\ \zeta_4 = \varphi_2''\int_0^1\bar{\varphi}_1'^2\,\mathrm{d}x + 2\bar{\varphi}_1''\int_0^1\varphi_2'\bar{\varphi}_1'\,\mathrm{d}x, \\
&\zeta_5 = 2\varphi_1''\int_0^1\varphi_1'\bar{\varphi}_1'\,\mathrm{d}x + \bar{\varphi}_1''\int_0^1\varphi_1'^2\mathrm{d}x,\ \zeta_6 = \varphi_2''\int_0^1\varphi_1'\bar{\varphi}_2'\,\mathrm{d}x + \varphi_1''\int_0^1\varphi_2'\bar{\varphi}_2'\,\mathrm{d}x + \bar{\varphi}_2''\int_0^1\varphi_2'\varphi_1'\,\mathrm{d}x; \\
&\xi_0 = \mathrm{i}\omega_2\varphi_2 + \gamma_0\varphi_2',\ \xi_1 = \mathrm{i}\omega_2\varphi_2'''' + \gamma_0\varphi_2''''',\ \xi_2 = \left[(1-x)\omega_1 - \mathrm{i}\kappa\gamma_0\right]\varphi_1'' + \omega_1\varphi_1',\ \xi_3 = \varphi_1''\int_0^1\varphi_1'^2\,\mathrm{d}x, \\
&\xi_4 = 2\varphi_2''\int_0^1\varphi_2'\bar{\varphi}_2'\,\mathrm{d}x + \bar{\varphi}_2''\int_0^1\varphi_2'^2\,\mathrm{d}x,\ \xi_5 = \varphi_2''\int_0^1\varphi_1'\bar{\varphi}_1'\,\mathrm{d}x + \varphi_1''\int_0^1\varphi_2'\bar{\varphi}_1'\,\mathrm{d}x + \bar{\varphi}_1''\int_0^1\varphi_2'\varphi_1'\,\mathrm{d}x.
\end{aligned} \tag{2-36}$$

第三节　可解性条件

引入内积公式

$$\langle f, g\rangle = \int_E f\bar{g}\,\mathrm{d}x \tag{2-37}$$

其中f和g是关于x的复变函数，其定义开区间为$E \in R^n$（n=1，2，3）。验证控制方程（2–21）中的质量和刚度在相应的齐次边界条件（2–22）下呈对称分布，陀螺算子反对称分布。根据可解性条件，设方程（2–23）的解形式为

$$v_1\left(x,T_0,T_1\right)=\psi_1\left(x,T_1\right)\mathrm{e}^{\mathrm{i}\omega_1T_0}+\psi_2\left(x,T_1\right)\mathrm{e}^{\mathrm{i}\omega_2T_0}+N\left(x,T_0,T_1\right)+cc \tag{2–38}$$

其中N（x，T_0，T_1）表示所有的非久期项。根据方程（2–38）可知，非齐次边界条件（2–24）下的ψ_n（n=1，2）和边界条件φ_n（x）不同。把方程（2–38）代入方程（2–35）中，然后在得到的结果中按系数exp（iω_nT_0）分离变量得到

$$\begin{aligned}&\left(k_{\mathrm{s}}-\omega_1^2\right)\psi_1+2\mathrm{i}\gamma_0\omega_1\psi_{1,x}+\left(\kappa\gamma_0^2-1\right)\psi_{1,xx}+k_{\mathrm{f}}^2\psi_{1,xxxx}\\&=-\Big[2\zeta_0\dot{A}_1+\left(c_{\mathrm{d}}\zeta_0+\alpha\zeta_1\right)A_1+\gamma_1\zeta_2A_2\,\mathrm{e}^{\mathrm{i}(\sigma_1-\sigma_2)T_1}\\&\quad+\gamma_1\zeta_3\bar{A}_1\,\mathrm{e}^{\mathrm{i}\sigma_2T_1}-\frac{1}{2}k_{\mathrm{N}}^2\zeta_4A_2\bar{A}_1^2\,\mathrm{e}^{\mathrm{i}\sigma_1T_1}-\frac{1}{2}k_{\mathrm{N}}^2\zeta_5A_1^2\bar{A}_1-k_{\mathrm{N}}^2\zeta_6A_2A_1\bar{A}_2\Big]\end{aligned} \tag{2–39a}$$

$$\begin{aligned}&\left(k_{\mathrm{s}}-\omega_2^2\right)\psi_2+2\mathrm{i}\gamma_0\omega_2\psi_{2,x}+\left(\kappa\gamma_0^2-1\right)\psi_{2,xx}+k_{\mathrm{f}}^2\psi_{2,xxxx}\\&=-\Big[2\xi_0\dot{A}_2+\left(c_{\mathrm{d}}\xi_0+\alpha\xi_1\right)A_2+\gamma_1\xi_2A_1\,\mathrm{e}^{\mathrm{i}(\sigma_2-\sigma_1)T_1}\\&\quad-\frac{1}{2}k_{\mathrm{N}}^2\xi_3A_1^3\,\mathrm{e}^{-\mathrm{i}\sigma_1T_1}-\frac{1}{2}k_{\mathrm{N}}^2\xi_4A_2^2\bar{A}_2-k_{\mathrm{N}}^2\xi_5A_2A_1\bar{A}_1\Big]\end{aligned} \tag{2–39b}$$

因此，对于复杂的模态函数φ_n（x）（n=1，2）

$$\begin{aligned}&\left[\left(k_{\mathrm{s}}-\omega_1^2\right)\psi_1+2\mathrm{i}\gamma_0\omega_1\psi_{1,x}+\left(\kappa\gamma_0^2-1\right)\psi_{1,xx}+k_{\mathrm{f}}^2\psi_{1,xxxx},\varphi_1\right]\\&=\Big\{-\Big[2\zeta_0\dot{A}_1+\left(c_{\mathrm{d}}\zeta_0+\alpha\zeta_1\right)A_1+\gamma_1\zeta_2A_2\,\mathrm{e}^{\mathrm{i}(\sigma_1-\sigma_2)T_1}+\gamma_1\zeta_3\bar{A}_1\,\mathrm{e}^{\mathrm{i}\sigma_2T_1}\\&\quad-\frac{1}{2}k_{\mathrm{N}}^2\zeta_4A_2\bar{A}_1^2\,\mathrm{e}^{\mathrm{i}\sigma_1T_1}-\frac{1}{2}k_{\mathrm{N}}^2\zeta_5A_1^2\bar{A}_1-k_{\mathrm{N}}^2\zeta_6A_2A_1\bar{A}_2\Big],\varphi_1\Big\}\end{aligned} \tag{2–40a}$$

$$\begin{aligned}&\left[\left(k_{\mathrm{s}}-\omega_2^2\right)\psi_2+2\mathrm{i}\gamma_0\omega_2\psi_{2,x}+\left(\kappa\gamma_0^2-1\right)\psi_{2,xx}+k_{\mathrm{f}}^2\psi_{2,xxxx},\varphi_2\right]\\&=\Big\{-\Big[2\xi_0\dot{A}_2+\left(c_{\mathrm{d}}\xi_0+\alpha\xi_1\right)A_2+\gamma_1\xi_2A_1\,\mathrm{e}^{\mathrm{i}(\sigma_2-\sigma_1)T_1}\\&\quad-\frac{1}{2}k_{\mathrm{N}}^2\xi_3A_1^3\,\mathrm{e}^{-\mathrm{i}\sigma_1T_1}-\frac{1}{2}k_{\mathrm{N}}^2\xi_4A_2^2\bar{A}_2-k_{\mathrm{N}}^2\xi_5A_2A_1\bar{A}_1\Big],\varphi_2\Big\}\end{aligned} \tag{2–40b}$$

由方程（2–22）、方程（2–24）和分配律得到

$$\begin{aligned}\alpha A_1\gamma_0\varphi_{1,xxx}\bar{\varphi}_{1,x}\Big|_0^1&=\Big\{-\Big[2\zeta_0\dot{A}_1+\left(c_{\mathrm{d}}\zeta_0+\alpha\zeta_1\right)A_1+\gamma_1\zeta_2A_2\,\mathrm{e}^{\mathrm{i}(\sigma_1-\sigma_2)T_1}\\&+\gamma_1\zeta_3\bar{A}_1\,\mathrm{e}^{\mathrm{i}\sigma_2T_1}-\frac{1}{2}k_{\mathrm{N}}^2\zeta_4A_2\bar{A}_1^2\,\mathrm{e}^{\mathrm{i}\sigma_1T_1}-\frac{1}{2}k_{\mathrm{N}}^2\zeta_5A_1^2\bar{A}_1-k_{\mathrm{N}}^2\zeta_6A_2A_1\bar{A}_2\Big],\varphi_1\Big\}\end{aligned} \tag{2–41a}$$

$$\alpha A_2\gamma_0\varphi_{2,xxx}\bar{\varphi}_{2,x}\Big|_0^1=\Big\{-\Big[2\xi_0\dot{A}_2+\left(c_{\mathrm{d}}\xi_0+\alpha\xi_1\right)A_2+\gamma_1\xi_2A_1\mathrm{e}^{\mathrm{i}(\sigma_2-\sigma_1)T_1}-\frac{1}{2}k_{\mathrm{N}}^2\xi_3A_1^3\mathrm{e}^{-\mathrm{i}\sigma_1T_1}-\frac{1}{2}k_{\mathrm{N}}^2\xi_4A_2^2\bar{A}_2-k_{\mathrm{N}}^2\xi_5A_2A_1\bar{A}_1\Big],\varphi_2\Big\} \tag{2-41b}$$

应用内积的性质，方程（2–41a）和（2–41b）可整理得到

$$\begin{aligned}&\dot{A}_1+\left(0.5c_{\mathrm{d}}+\alpha\zeta_1\right)A_1+\gamma_1\zeta_2A_2\mathrm{e}^{\mathrm{i}(\sigma_1-\sigma_2)T_1}+\gamma_1\zeta_3\bar{A}_1\mathrm{e}^{\mathrm{i}\sigma_2T_1}\\&+k_{\mathrm{N}}^2\zeta_4A_2\bar{A}_1^2\mathrm{e}^{\mathrm{i}\sigma_1T_1}+k_{\mathrm{N}}^2\zeta_5A_1^2\bar{A}_1+k_{\mathrm{N}}^2\zeta_6A_2A_1\bar{A}_2=0\end{aligned} \tag{2-42a}$$

$$\begin{aligned}&\dot{A}_2+\left(0.5c_{\mathrm{d}}+\alpha\xi_1\right)A_2+\gamma_1\xi_2A_1\mathrm{e}^{\mathrm{i}(\sigma_2-\sigma_1)T_1}\\&+k_{\mathrm{N}}^2\xi_3A_1^3\mathrm{e}^{-\mathrm{i}\sigma_1T_1}+k_{\mathrm{N}}^2\xi_4A_2^2\bar{A}_2+k_{\mathrm{N}}^2\xi_5A_2A_1\bar{A}_1=0\end{aligned} \tag{2-42b}$$

其中

$$\begin{aligned}&\zeta_1\leftrightarrow\frac{\int_0^1\zeta_1\bar{\varphi}_1\,\mathrm{d}x+\gamma_0\varphi_{1,xxx}\bar{\varphi}_{1,x}\big|_0^1}{\int_0^1 2\zeta_0\bar{\varphi}_1\,\mathrm{d}x},\ \zeta_2\leftrightarrow\frac{\int_0^1\zeta_2\bar{\varphi}_1\,\mathrm{d}x}{\int_0^1 2\zeta_0\bar{\varphi}_1\,\mathrm{d}x},\ \zeta_3\leftrightarrow\frac{\int_0^1\zeta_3\bar{\varphi}_1\,\mathrm{d}x}{\int_0^1 2\zeta_0\bar{\varphi}_1\,\mathrm{d}x},\\&\zeta_4\leftrightarrow-\frac{\int_0^1\zeta_4\bar{\varphi}_1\,\mathrm{d}x}{\int_0^1 4\zeta_0\bar{\varphi}_1\,\mathrm{d}x},\ \zeta_5\leftrightarrow-\frac{\int_0^1\zeta_5\bar{\varphi}_1\,\mathrm{d}x}{\int_0^1 4\zeta_0\bar{\varphi}_1\,\mathrm{d}x},\ \zeta_6\leftrightarrow-\frac{\int_0^1\zeta_6\bar{\varphi}_1\,\mathrm{d}x}{\int_0^1 2\zeta_0\bar{\varphi}_1\,\mathrm{d}x}.\end{aligned} \tag{2-43a}$$

$$\begin{aligned}&\xi_1\leftrightarrow\frac{\int_0^1\xi_1\bar{\varphi}_2\,\mathrm{d}x+\gamma_0\varphi_{2,xxx}\bar{\varphi}_{2,x}\big|_0^1}{\int_0^1 2\xi_0\bar{\varphi}_2\,\mathrm{d}x},\ \xi_2\leftrightarrow\frac{\int_0^1\xi_2\bar{\varphi}_2\,\mathrm{d}x}{\int_0^1 2\xi_0\bar{\varphi}_2\,\mathrm{d}x},\ \xi_3\leftrightarrow-\frac{\int_0^1\xi_3\bar{\varphi}_2\,\mathrm{d}x}{\int_0^1 4\xi_0\bar{\varphi}_2\,\mathrm{d}x},\\&\xi_4\leftrightarrow-\frac{\int_0^1\xi_4\bar{\varphi}_2\,\mathrm{d}x}{\int_0^1 4\xi_0\bar{\varphi}_2\,\mathrm{d}x},\ \xi_5\leftrightarrow-\frac{\int_0^1\xi_5\bar{\varphi}_2\,\mathrm{d}x}{\int_0^1 2\xi_0\bar{\varphi}_2\,\mathrm{d}x}.\end{aligned} \tag{2-43b}$$

数值验证表明 ζ_1 和 ξ_1 是正实数；ζ_5、ζ_6、ξ_4 和 ξ_5 都是具有负虚部的纯虚数；ζ_2、ζ_3、ζ_4、ξ_2 以及 ξ_3 是复数。

第四节　稳态响应及其稳定性

假设存在稳定的非零平衡解或稳定的动态解（周期解或准周期解）。显然，复数变化的调制方程（2–42a）和方程（2–42b）存在零解，这表示轴向加速运动黏弹性梁的直线平衡位型。

显然，方程（2–42a）和方程（2–42b）有零解。为了研究系统的稳态响应和零解的稳定性，将方程（2–42a）和方程（2–42b）转换成自治方程组。故引入

$$A_1(T_1)=\left[p_1(T_1)+\mathrm{i}q_1(T_1)\right]\mathrm{e}^{\mathrm{i}S_1T_1},\ A_2(T_1)=\left[p_2(T_1)+\mathrm{i}q_2(T_1)\right]\mathrm{e}^{\mathrm{i}S_2T_1}. \tag{2-44}$$

其中 p_h 和 q_h（h=1，2）是 T_1 的实函数。在方程（2-44）中，$S_1=0.5\sigma_2$；$S_2=1.5\sigma_2-\sigma_1$。把方程（2-44）代入方程（2-42a）和方程（2-42b）中，利用三角运算法则，分别求出结果中的实部和虚部，整理得到

$$\begin{aligned}\dot{p}_1 = &-\left(0.5c_d+\alpha\zeta_1+\gamma_1\zeta_3^R\right)p_1+\left(S_1-\gamma_1\zeta_3^I\right)q_1-\gamma_1\zeta_2^R p_2\\&+\gamma_1\zeta_2^I q_2+k_N^2\left\{q_1\left[\left(p_1^2+q_1^2\right)\zeta_5^I+\left(p_2^2+q_2^2\right)\zeta_6^I\right]\right.\\&\left.-2p_1q_1\left(\zeta_4^I p_2+\zeta_4^R q_2\right)-\left(p_1^2-q_1^2\right)\left(\zeta_4^R p_2-\zeta_4^I q_2\right)\right\}\end{aligned}\tag{2-45a}$$

$$\begin{aligned}\dot{q}_1 = &-\left(S_1+\gamma_1\zeta_3^I\right)p_1-\left(0.5c_d+\alpha\zeta_1-\gamma_1\zeta_3^R\right)q_1-\gamma_1\zeta_2^I p_2\\&-\gamma_1\zeta_2^R q_2-k_N^2\left\{p_1\left[\left(p_1^2+q_1^2\right)\zeta_5^I+\left(p_2^2+q_2^2\right)\zeta_6^I\right]\right.\\&\left.-2p_1q_1\left(\zeta_4^R p_2-\zeta_4^I q_2\right)+\left(p_1^2-q_1^2\right)\left(\zeta_4^I p_2+\zeta_4^R q_2\right)\right\}\end{aligned}\tag{2-45b}$$

$$\begin{aligned}\dot{p}_2 = &-\gamma_1\xi_2^R p_1+\gamma_1\xi_2^I q_1-\left(0.5c_d+\alpha\xi_1\right)p_2\\&+S_2q_2+k_N^2\left\{q_2\left[\left(p_1^2+q_1^2\right)\xi_5^I+\left(p_2^2+q_2^2\right)\xi_4^I\right]\right.\\&\left.+q_1\left(3p_1^2-q_1^2\right)\xi_3^I-p_1\left(p_1^2-3q_1^2\right)\xi_3^R\right\}\end{aligned}\tag{2-45c}$$

$$\begin{aligned}\dot{q}_2 = &-\gamma_1\xi_2^I p_1-\gamma_1\xi_2^R q_1-S_2p_2-\left(0.5c_d+\alpha\xi_1\right)q_2\\&-k_N^2\left\{p_2\left[\left(p_1^2+q_1^2\right)\xi_5^I+\left(p_2^2+q_2^2\right)\xi_4^I\right]\right.\\&\left.-q_1\left(3p_1^2-q_1^2\right)\xi_3^R-p_1\left(p_1^2-3q_1^2\right)\xi_3^I\right\}\end{aligned}\tag{2-45d}$$

梁非线性振动的稳态响应是通过使方程左端为零简化方程（2-45a）~方程（2-45d），且解一系列非线性方程组得到的。雅可比矩阵的特征值可以确定零解和非零解的稳定性。如果雅可比矩阵的特征值全部具有负实部说明系统稳定。

通过定义 $p_1=q_1=p_2=q_2=0$ 来使稳定性边界有零解。关于方程（2-45a）~方程（2-45d）等式右端的雅克比矩阵有零解（0，0，0，0）的计算为

$$[\boldsymbol{J}]=\begin{bmatrix}-\left(0.5c_d+\alpha\zeta_1+\gamma_1\zeta_3^R\right) & \left(S_1-\gamma_1\zeta_3^I\right) & -\gamma_1\zeta_2^R & \gamma_1\zeta_2^I\\ -\left(S_1+\gamma_1\zeta_3^I\right) & -\left(0.5c_d+\alpha\zeta_1-\gamma_1\zeta_3^R\right) & -\gamma_1\zeta_2^I & -\gamma_1\zeta_2^R\\ -\gamma_1\xi_2^R & \gamma_1\xi_2^I & -\left(0.5c_d+\alpha\xi_1\right) & S_2\\ -\gamma_1\xi_2^I & -\gamma_1\xi_2^R & -S_2 & -\left(0.5c_d+\alpha\xi_1\right)\end{bmatrix}\tag{2-46}$$

计算其系数矩阵的行列式可解得

$$\lambda^4+b_1\lambda^3+b_2\lambda^2+b_3\lambda+b_4=0\tag{2-47}$$

其中

$$
\begin{aligned}
& b_1 = 2\left[c_{\mathrm{d}} + \alpha\left(\zeta_1 + \xi_1\right)\right], \\
& b_2 = S_1^2 + S_2^2 - \gamma_1^2\left|\zeta_3\right|^2 + \left[c_{\mathrm{d}} + \alpha\left(\zeta_1 + \xi_1\right)\right]^2 \\
& \quad + 2\left(0.5c_{\mathrm{d}} + \alpha\zeta_1\right)\left(0.5c_{\mathrm{d}} + \alpha\xi_1\right) - 2\gamma_1^2 \operatorname{Re}\left(\zeta_2\xi_2\right), \\
& b_3 = 2\left\{S_1^2\xi_1 + S_2^2\zeta_1 + \left[c_{\mathrm{d}} + \alpha\left(\zeta_1 + \xi_1\right)\right]\left[\left(0.5c_{\mathrm{d}} + \alpha\zeta_1\right)\left(0.5c_{\mathrm{d}} + \alpha\xi_1\right) - \gamma_1^2 \operatorname{Re}\left(\zeta_2\xi_2\right)\right]\right. \\
& \quad \left. - \gamma_1^2\left(S_1 + S_2\right)\operatorname{Im}\left(\zeta_2\xi_2\right) - \gamma_1^2\left|\zeta_3\right|^2\left(0.5c_{\mathrm{d}} + \alpha\xi_1\right)\right\}, \\
& b_4 = \left(S_1S_2 - \gamma_1^2\zeta_2^{\mathrm{I}}\xi_2^{\mathrm{I}}\right)^2 + \left[S_2\left(0.5c_{\mathrm{d}} + \alpha\zeta_1\right) - \gamma_1^2\zeta_2^{\mathrm{R}}\xi_2^{\mathrm{I}}\right]^2 - \gamma_1^2\left|\zeta_3\right|^2\left[S_2^2 + \left(0.5c_{\mathrm{d}} + \alpha\xi_1\right)^2\right] \\
& \quad + \left[S_1\left(0.5c_{\mathrm{d}} + \alpha\xi_1\right) - \gamma_1^2\zeta_2^{\mathrm{I}}\xi_2^{\mathrm{R}}\right]^2 + \left[\left(0.5c_{\mathrm{d}} + \alpha\zeta_1\right)\left(0.5c_{\mathrm{d}} + \alpha\xi_1\right) - \gamma_1^2\zeta_2^{\mathrm{R}}\xi_2^{\mathrm{R}}\right]^2 \\
& \quad + 2\gamma_1^2\left[\left(0.5c_{\mathrm{d}} + \alpha\zeta_1\right)\zeta_2^{\mathrm{I}} - S_1\zeta_2^{\mathrm{R}}\right]\left[\left(0.5c_{\mathrm{d}} + \alpha\xi_1\right)\xi_2^{\mathrm{I}} - S_2\xi_2^{\mathrm{R}}\right].
\end{aligned}
\tag{2-48}
$$

Routh-Hurwitz 判据给出了代数方程（2–47）有零解稳定性的充分必要条件为

$$
\Delta_1 = b_1 > 0;\ \Delta_2 = \begin{vmatrix} b_1 & 1 \\ b_3 & b_2 \end{vmatrix} > 0,\ \Delta_3 = \begin{vmatrix} b_1 & 1 & 0 \\ b_3 & b_2 & b_1 \\ 0 & b_4 & b_3 \end{vmatrix} > 0,\ \Delta_4 = b_4 > 0 \tag{2-49}
$$

不等式（2–49）的稳定性条件为 $|\gamma_1|<\gamma_{\min}$。

若设置 $k_f=0.2$、$k_s=0.72$、$\kappa=0.5$、$\alpha=0.0001$ 和 $c_d=0.001$。为了研究 3∶1 内共振，梁轴向运动平均速度取为 $\gamma_0=0.86$，且相应的简谐脉动的振幅为 $\gamma_1=0.1$。若设置 $\gamma_0=0.86$，则 $\omega_1=2.9171$，$\omega_2=9.4122$，其相应的解谐参数 $\sigma_1=0.6609$。稳定性边界条件和振动稳态响应是关于 σ_2 轴对称的，以下曲线只给出正值部分。

图 2–4 给出了在不同黏弹性系数和黏性阻尼系数下，系统第 1 阶主共振的失稳区域。在图 2–4 中，点线采用的参数为 $k_f=0.2$、$k_s=0.72$、$\kappa=0.5$、$\alpha=0.0001$ 和 $c_d=0.001$；虚线采用的参数为 $k_f=0.2$、$k_s=0.72$、$\kappa=0.5$、$\alpha=0.0005$ 和 $c_d=0.001$；点划线采用的参数为 $k_f=0.2$、$k_s=0.72$、$\kappa=0.5$、$\alpha=0.0001$ 和 $c_d=0.1$；实线采用的参数为 $k_f=0.2$、$k_s=0.72$、$\kappa=0.5$、$\alpha=0$ 和 $c_d=0.1$。观察图2–4 可以看出，曲线的上部是不稳定区域，σ_2 的值是左右对称的，γ_1 方向只给出了正值部分。黏弹性系数和黏性阻尼系数越大，致使稳定区域越大。研究结果表明，黏弹性系数对稳定区域增加或减小的作用要比黏性阻尼系数的作用大。当 $\alpha=0$ 和 $c_d=0.1$ 时，稳定边界变得更加复杂。

设置参数 $\alpha=0$、$c_d=0.001$、$k_f=0.2$、$\gamma_0=0.86$ 和 $\gamma_1=0.1$，图 2–5 给出了振幅

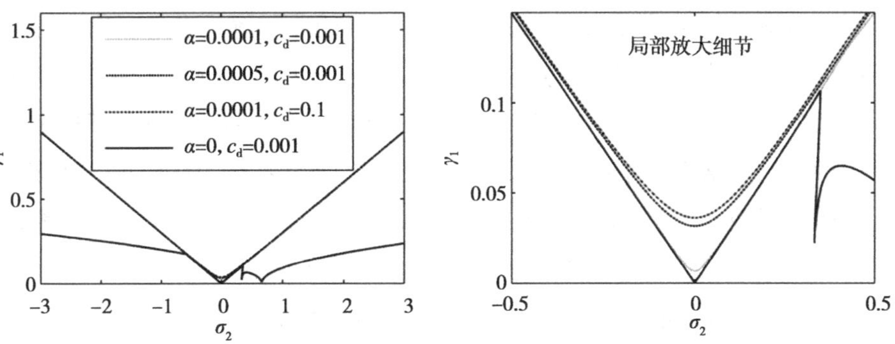

图 2-4　轴向运动梁的稳定边界随黏弹性系数和黏性阻尼系数的变化

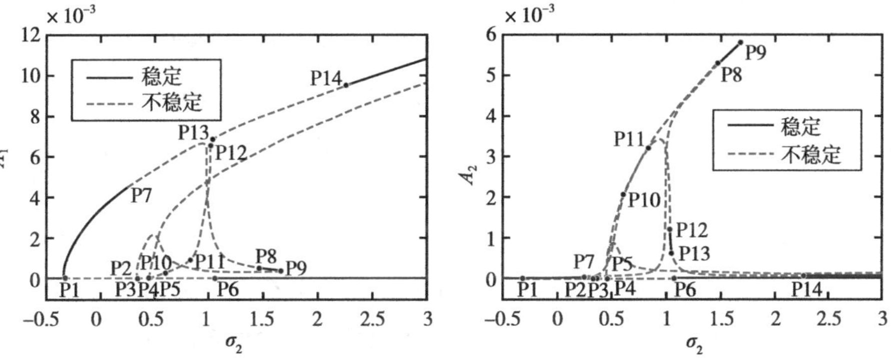

（a）第一阶模态　（b）第二阶模态

图 2-5　稳态响应

随解谐参数的变化。其中实线表示稳定振动响应；虚线表示不稳定振动响应。振荡响应有两种模式：零解和非零解（双模态）。非零解表现为硬弹簧的特性。只有当 σ_2 很小时，只存在零解且稳定。随着 σ_2 的增加，P1（σ_2=–0.333889）通过超临界叉式分岔点后，零解变得不稳定。随后，零解失去稳定性且非零解出现。在亚临界叉式分岔点 P2（σ_2=0.328935）处，不稳定零解再次变得稳定，另一个非零解出现分叉。通过 Hopf 分岔点 P3（σ_2=0.348526）时，零解再次失去稳定性，在分岔点 P4（σ_2=0.44187）和 P5（σ_2=0.444287）处，分别出现两个非零解。随着 σ_2 的增大，当 σ_2 通过一个反 Hopf 分岔点时，零解在 P6（σ_2=1.06247）处变得稳定。随着 σ_2 逐渐增大，非零解从超临界叉式分岔点 P1 开始分为两部分，在 P7（σ_2=0.2439）处通过 Hopf 分岔点时失去稳定性，通过反 Hopf 分岔点 P8（σ_2=1.4648）时，系统变得稳定。随着 σ_2 的持续增大，同样的状态一直持续到鞍结分岔点 P9（σ_2=1.6696）处。随 σ_2 增大到鞍结分岔点

P9 时，从亚临界叉式分岔点 P2 处分为两部分的非零解一直是不稳定的。随着 σ_2 的持续增大，不稳定焦点从分岔点 P4 处分为两部分，在通过节点 P10（σ_2=0.5991）时变得不稳定，之后再通过 P11（σ_2=0.8297）时恢复不稳定。随着 σ_2 的进一步增大，系统通过反 Hopf 分岔点 P12（σ_2=1.0214）时变得稳定，通过 Hopf 分岔点 P13（σ_2=1.0408）时再次变得不稳定。随着 σ_2 持续增大，系统在 P14（σ_2=2.2594）处通过反 Hopf 分岔点后变得稳定。

图 2–6 给出了前两阶模态的振幅随解谐参数的变化。其中实线表示稳定振动响应；虚线表示不稳定振动响应。在图 2–6 中，参数设置为 k_f=0.2、γ_0=0.86、γ_1=0.1、α=0.0001 和 c_d=0.001。从图 2–6 中可以看出，当 σ_2<PB_1（σ_2=–0.333218）时，零解出现且系统稳定。在 PB_1 处，零解失去稳定性，且稳定的非零解出现。在 PB_2（σ_2=0.328487）处，零解再次恢复稳定性，且不稳定的非零解出现分岔。[PB_1，PB_2] 称为不稳定频率间隔。非零解在亚临界分岔点 PB_1 处有稳定分支；在超临界分岔点 PB_2 处有不稳定分支。它们以闭循环的形式存在于数值计算中。第一阶模态的振动响应幅度远远大于第二阶的，而失谐参数不稳定区间的直线平衡是相同的。第一阶模态的振幅没有限制固定高度，且沿非零分支单调上升。但是间接激励第二阶模态的振幅是有高度限制的。第二阶模态的不稳定幅值先增大后减小，最后再慢慢增大。图 2–7 给出了前两阶模态的稳定和不稳定振动响应。其中实线表示稳定振动响应；虚线表示不稳定振动响应。在图 2–7 中，参数设置为 k_f=0.2、γ_0=0.86、γ_1=0.1、α=0.0005 和 c_d=0.001。比较图 2–6 和图 2–7，从中可观察到，较大的黏弹性

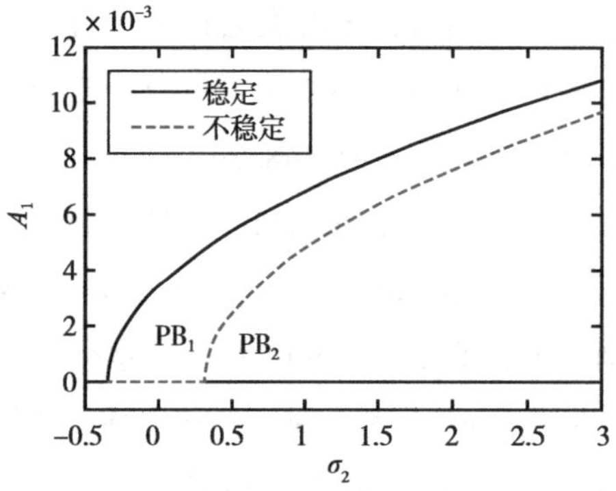

（a）第一阶模态

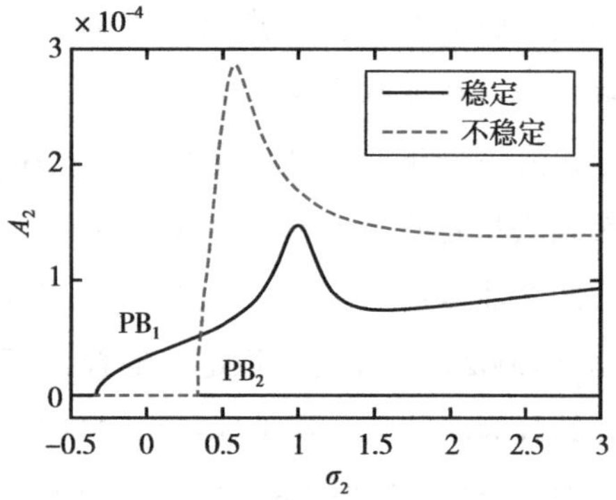

（b）第二阶模态

图 2–6　稳态响应

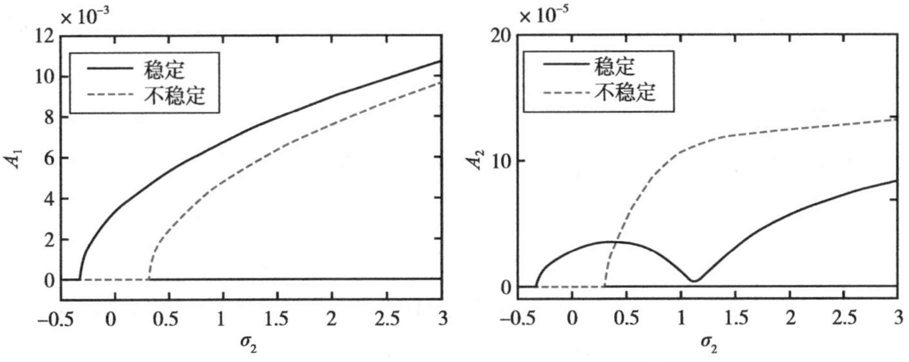

（a）第一阶模态　　（b）第二阶模态

图 2-7　稳态响应

系数导致振荡响应幅值减小，黏弹性系数对第二阶模态的零解的不稳定区间的影响比第一阶大很多。

图 2-8 给出了前两阶模态的稳态振动响应。其中实线表示稳定振动响应；虚线表示不稳定振动响应。在图 2-8 中，参数设置为 k_f=0.2、γ_0=0.86、γ_1=0.1、α=0.0001 和 c_d=0.1。从图 2-6 和图 2-8 的比较中可以看出，较大的黏性阻尼系数导致稳定振荡响应幅值减小，特别是第二阶模态，零解的不稳定区间减小。比较图 2-6~图 2-8，从中可观察到，由黏弹性系数引起的 3∶1 内共振下的非线性相互作用强度比由黏性阻尼系数引起的弱。

图 2-9 给出了前两阶模态的稳态振动响应。其中实线表示稳定振动响应；虚线表示不稳定振动响应。在图 2-9 中，参数设置为 k_f=0.2、γ_0=0.7、γ_1=0.1、α=0.0001 和 c_d=0.001。从图 2-9 可以看出，图 2-9 所表示的稳态响应曲线和

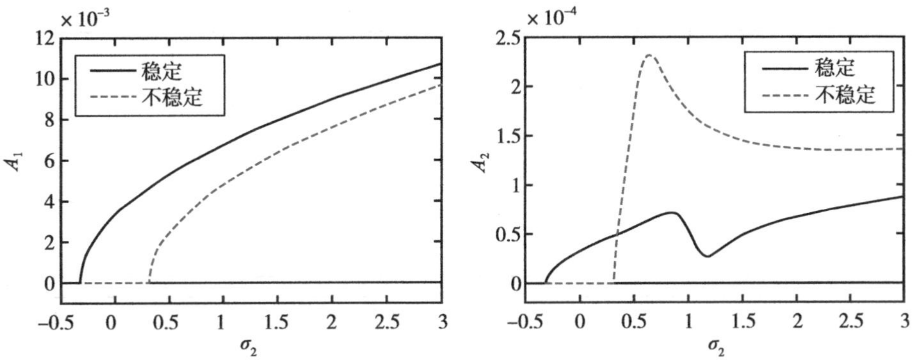

（a）第一阶模态　　（b）第二阶模态

图 2-8　稳态响应

图 2–6 给出的相类似。然而，我们可以从第一阶模态的稳定振幅中看到小波现象。比较图 2–6 和图 2–9，从中可以观察到，较小的轴向平均速度导致稳定振荡响应幅值增大，特别是第二阶模态，零解的不稳定区间增大。显然，减小轴向平均速度提高了 3 : 1 内共振下的非线性相互作用强度的增大。

图 2–10 给出了前两阶模态的稳态振动响应。其中实线表示稳定振动响应；虚线表示不稳定振动响应。在图 2–10 中，参数设置为 $k_f=0.2$、$\gamma_0=0.86$、$\gamma_1=0.12$、$\alpha=0.0001$ 和 $c_d=0.001$。从图 2–10 可以看出，图 2–10 所表示的稳态响应曲线和图 2–6 给出的相类似。比较图 2–6 和图 2–10，从中可以观察到，较大的轴向速度波动幅值导致稳定振荡响应幅值增大，轴向速度波动幅值对第二阶模态的零解的不稳定区间的影响比第一阶大很多。

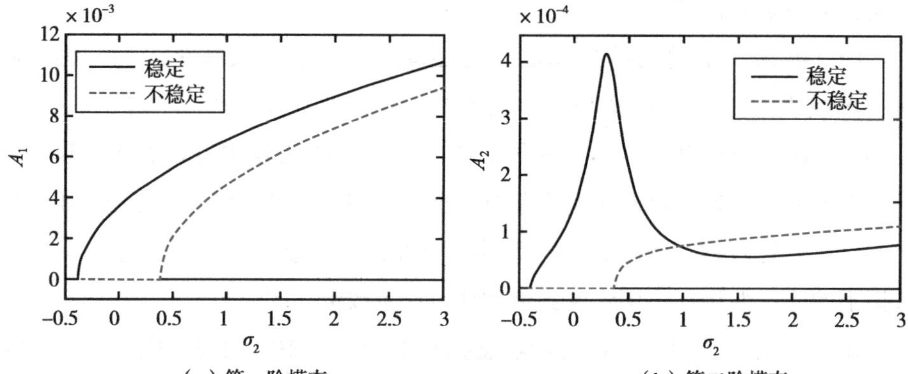

（a）第一阶模态　（b）第二阶模态

图 2–9　稳态响应

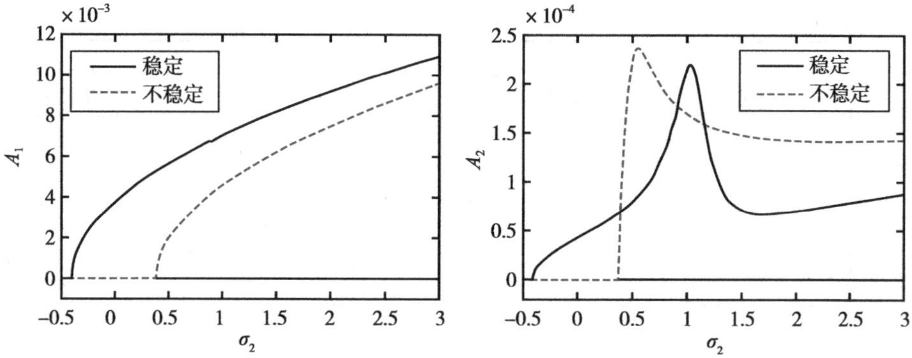

（a）第一阶模态　（b）第二阶模态

图 2–10　稳态响应

图 2–11 给出了前两阶模态的稳态振动响应。其中实线表示稳定振动响应；虚线表示不稳定振动响应。在图 2–11 中，参数设置为 $k_f=0.18$、$\gamma_0=0.86$、$\gamma_1=0.1$、$\alpha=0.0001$ 和 $c_d=0.001$。梁的刚度通过系统参数直接与非线性系数相关联。分别比较当 $k_f=0.2$ 和 $k_N=23.094$ 时以及当 $k_f=0.18$ 和 $k_N=20.7846$ 时的稳态响应，比较图 2–6 和图 2–11，从中可以观察到，较小的梁刚度导致稳定振荡响应幅值减小，特别是第二阶模态，零解的不稳定区间减小。

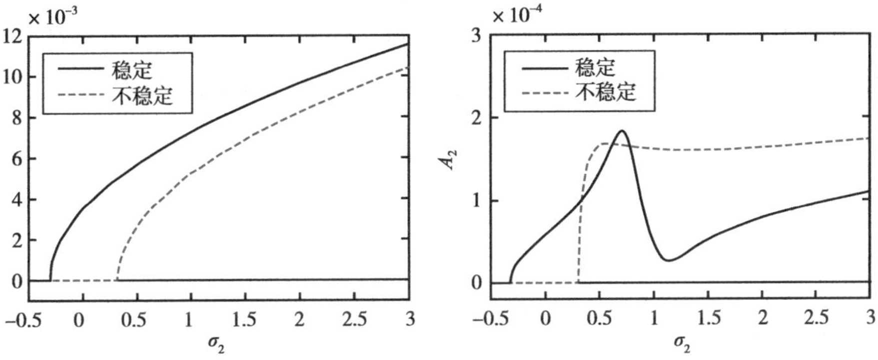

（a）第一阶模态　（b）第二阶模态

图 2–11　稳态响应

第五节　数值验证

这一节将用微分求积法对轴向运动梁进行数值求解，然后将数值结果和上几节中求得的近似解析结果进行比较。在接下来的计算中，$\varepsilon=1$。

取计算区域为 $0 \leqslant x \leqslant 1$。使用微分求积法离散方程（2–21）得到

$$\ddot{v}_{0i}+2\gamma_0\sum_{k=2}^{N-1}A_{ik}^{(1)}\dot{v}_{0k}+\sum_{k=2}^{N-1}\left[\left(\kappa\gamma_0^2-1\right)\tilde{A}_{ik}^{(2)}+k_f^2\tilde{A}_{ik}^{(4)}\right]v_{0k}+k_s v_{0i}=0 \quad (i=2,3,\cdots,N-1) \tag{2–50}$$

把方程（2–25）代入方程（2–50）中，整理得到

$$\lambda_n^2\varphi_i+2\lambda_n\gamma_0\sum_{k=2}^{N-1}A_{ik}^{(1)}\varphi_k+\left(\kappa\gamma_0^2-1\right)\sum_{k=2}^{N-1}\tilde{A}_{ik}^{(2)}\varphi_k+k_f^2\sum_{k=2}^{N-1}\tilde{A}_{ik}^{(4)}\varphi_k+k_s\varphi_i=0 \quad (i=2,3,\cdots,N-1) \tag{2–51}$$

选取网点数 $N_x=21$。图 2-12 给出了在直接多尺度法和微分求积法下系统的前四阶复频率与轴向平均速度变化情况的比较。图 2-12（a）表示系统的前四阶衰减率与平均速度的变化关系；图 2-12（b）表示系统前四阶固有频率与平均速度的变化关系。图 2-12 选取的参数为 $k_f=0.2$、$k_s=0.72$ 和 $\kappa=0.5$。其中实线表示解析法得到的第一阶复频率；虚线表示解析法得到的第二阶复频率；点划线表示解析法得到的第三阶复频率；点线表示解析法得到的第四阶复频率。黑点表示微分求积法得到的前四阶复频率。观察图 2-12 可以看出，微分求积法和多尺度法的结果吻合得非常好。前四阶衰减率的最大相对误差为 1.01982×10^{-7}，前四阶固有频率的最大相对误差为 1.36489×10^{-7}。

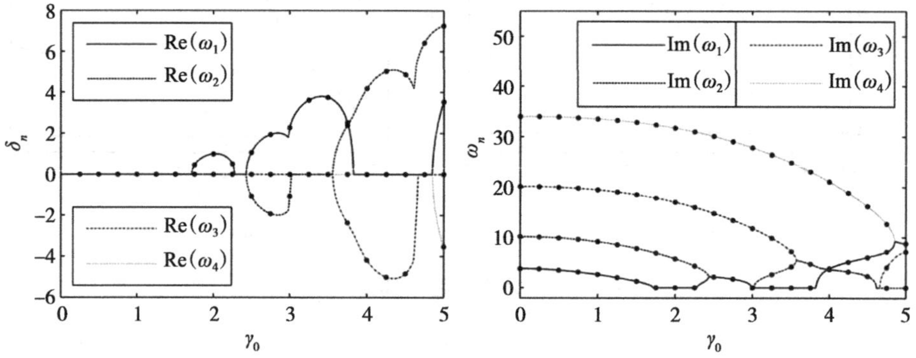

（a）衰减率　（b）固有频率

图 2-12　不同方法下系统前四阶复频率的比较

同样地，通过微分求积法将式（2-13）离散为

$$\begin{aligned}&\ddot{v}_i+\sum_{k=1}^{N}\left(2\gamma A_{ik}^{(1)}+\alpha\tilde{A}_{ik}^{(4)}\right)\dot{v}_k+c_d\dot{v}_i+k_s v_i\\&+\sum_{k=1}^{N}\left\{\left[\kappa\gamma^2-\left(x_i-1\right)\dot{\gamma}-1\right]\tilde{A}_{ik}^{(2)}+k_f^2\tilde{A}_{ik}^{(4)}+c_d\gamma A_{ik}^{(1)}+\alpha\gamma\tilde{A}_{ik}^{(5)}\right\}v_k\\&-\frac{1}{2}k_N^2\sum_{k=1}^{N}\tilde{A}_{ik}^{(2)}v_k\sum_{g=1}^{N}I_g\left(\sum_{k=1}^{N}A_{gk}^{(1)}v_k\right)^2=0\qquad\left(i=2,3,\cdots,N-1\right)\end{aligned}\tag{2-52}$$

其中积分的加权系数 I_g（$g=1$，2，⋯，N）可以写为

$$\begin{pmatrix}1&1&\cdots&1&1\\x_1&x_2&\cdots&x_{N-1}&x_N\\\vdots&\vdots&&\vdots&\vdots\\x_1^{N-2}&x_2^{N-2}&\cdots&x_{N-1}^{N-2}&x_N^{N-2}\\x_1^{N-1}&x_2^{N-1}&\cdots&x_{N-1}^{N-1}&x_N^{N-1}\end{pmatrix}\begin{pmatrix}I_1\\I_2\\\vdots\\I_{N-1}\\I_N\end{pmatrix}=\begin{pmatrix}1\\1/2\\\vdots\\1/(N-1)\\1/N\end{pmatrix}\tag{2-53}$$

在理论上系统应该有一个连续的振幅 $v(t)$（其中 $t_1 \leqslant t \leqslant t_2$），其中离散采样数据组 $v[n]$（其中，$1 \leqslant n \leqslant M$）是由 MATLAB ODE45 编程得到的。DFT 是最重要的离散变换，其在许多实际应用中被用来做傅里叶分析。在数学中，离散傅里叶变换（DFT）是把原始时间域内的一组有限等间距采样点变换成一组有限组合系数的复杂正弦曲线，按频率排序，早期频率域没有相同的样点值。DFT 需要一个离散的输入函数，且它的非零值有一个有限时间。这样的输入通常是由连续函数采样产生的。

离散傅里叶变换 $V[k]$ 可以表示为

$$V[k]=\frac{1}{M}\sum_{n=1}^{M}v[n]\mathrm{e}^{-\mathrm{i}2\pi\frac{k}{M}(n-1)} \qquad (k=1,2,\cdots,M) \tag{2-54}$$

其中 $M=(t_2-t_1)/T$ 表示样本总数量，T 表示样点周期，因为频率点 ω_k 等于 $2\pi k/(t_2-t_1)$，式（2-54）可以表示为

$$\begin{aligned}V[\omega_\mathrm{k}]&=\frac{1}{M}\sum_{n=1}^{M}v[n]\mathrm{e}^{-\mathrm{i}\omega_\mathrm{k}(n-1)T}\\&=\frac{1}{M}\sum_{n=1}^{M}v[n]\cos[\omega_\mathrm{k}(n-1)T]-\mathrm{i}\frac{1}{M}\sum_{n=1}^{M}v[n]\sin[\omega_\mathrm{k}(n-1)T]\end{aligned} \tag{2-55}$$

其振幅为

$$|V[\omega_\mathrm{k}]|=\frac{1}{M}\sqrt{\left\{\sum_{n=1}^{M}v[n]\cos[\omega_\mathrm{k}(n-1)T]\right\}^2+\left\{\sum_{n=1}^{M}v[n]\sin[\omega_\mathrm{k}(n-1)T]\right\}^2} \tag{2-56}$$

在方程（2-55）中，$|V[\omega_\mathrm{k}]|$ 表示一组离散的数据，如果 M 足够大，这个方程可以被视为一个关于 ω_k 的连续函数。也就是说，我们可直接得到 ω_k。

选取采样点数 N=15。若设置初始位移 $v_0=0.0001\sin(\pi x_i)$、$\sigma_2=0$、$k_\mathrm{f}=0.2$、$\gamma_0=0.86$、$\gamma_1=0.1$、$\alpha=0.0001$ 和 $c_\mathrm{d}=0.001$，图 2-13（a）为时间历程图，图 2-13（b）为相轨迹图，此外，图 2-14 是图 2-13 的局部放大图。若给定 $t_1=500$、$t_2=1000$ 和 $T=0.01$，图 2-15 和图 2-16 分别给出了图 2-13 的频谱图和局部放大图。若给定初始位移 $v_0=5\sin(\pi x_i)$、$\sigma_2=1$、$k_\mathrm{f}=0.2$、$\gamma_0=0.86$、$\gamma_1=0.1$、$\alpha=0.0001$ 和 $c_\mathrm{d}=0.001$，图 2-17（a）给出了时间历程图和图 2-17（b）给出了相轨迹图，图 2-18 是图 2-17 的局部放大图。若给定 $t_1=500$、$t_2=1000$ 和 $T=0.01$，图 2-19 给出了图 2-17（a）的频谱图，图 2-20 给出了图 2-19 的局部放大图。从图 2-15 和图 2-16 可以得到两个特殊的频率点 $\omega_\mathrm{k1}=2.9171$ 和 $\omega_\mathrm{k2}=8.7514$，另外还有两个特殊频率点 $\omega_\mathrm{k3}=3.4171$ 和 $\omega_\mathrm{k4}=10.2518$。在图 2-15 和图 2-19 中的频率

点 ω_{k1} 和 ω_{k3} 比 ω_{k2} 和 ω_{k4} 大，频率点 ω_{k1} 和 ω_{k3} 起主要作用。值得一提的是 $\omega_{k2}\approx3\omega_{k1}$ 和 $\omega_{k4}\approx3\omega_{k3}$。因此，尽管我们已经研究了第一阶模态函数的主共振，但由于 3 : 1 内共振的存在，前两阶模态之间会有能量转换。

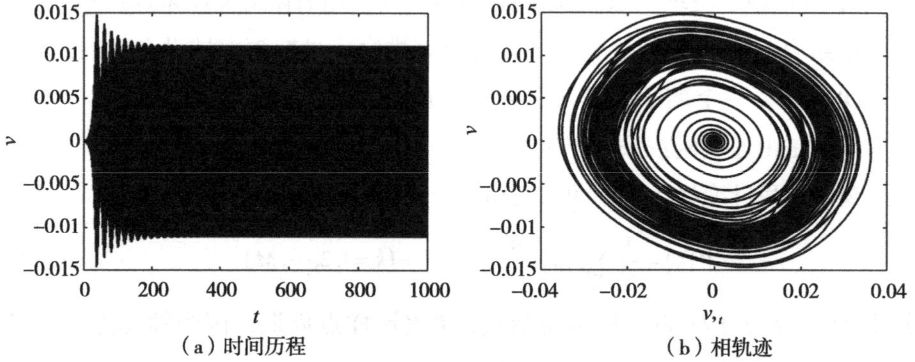

图 2-13 时间历程和相轨迹

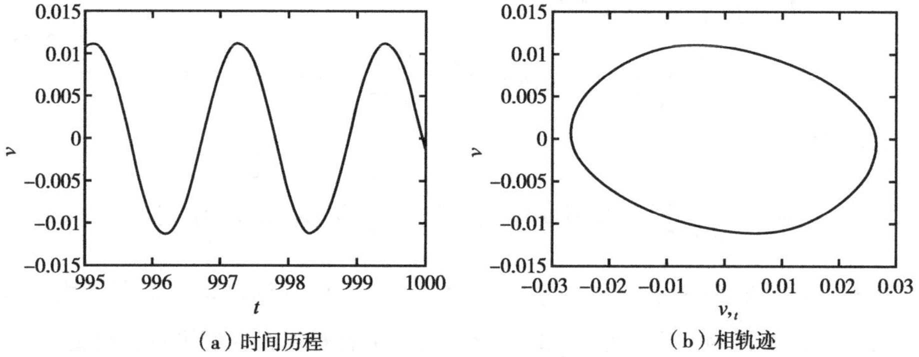

图 2-14 图 2-13 的局部放大图

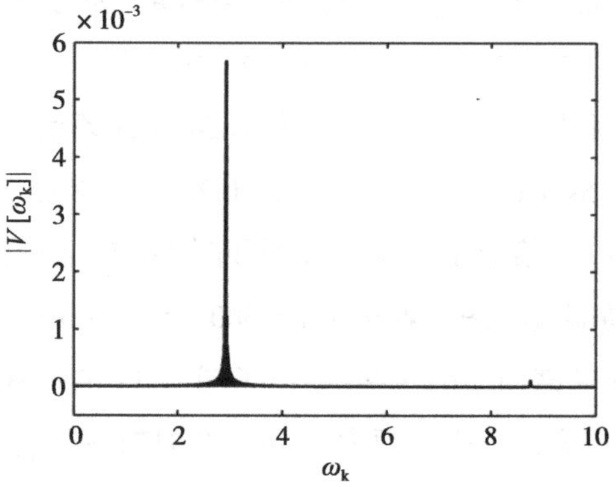

图 2-15 频谱图

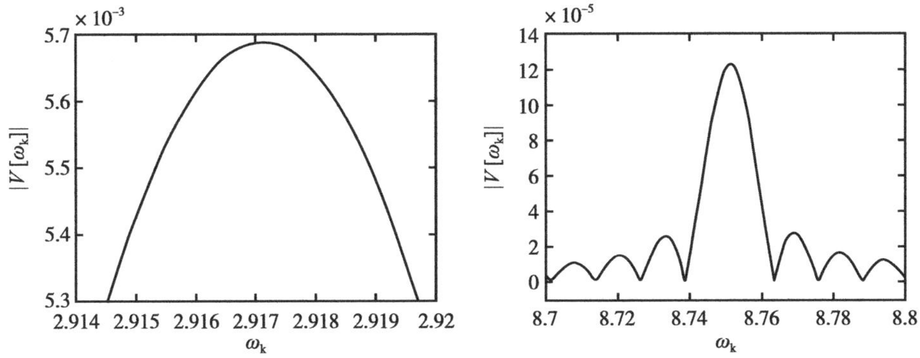

（a）时间历程　　（b）相轨迹

图 2-16　图 2-15 的局部放大图

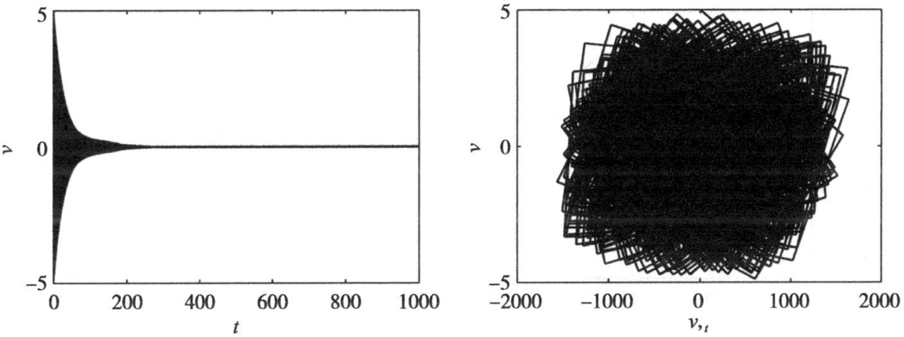

（a）时间历程　　（b）相轨迹

图 2-17　时间历程和相轨迹

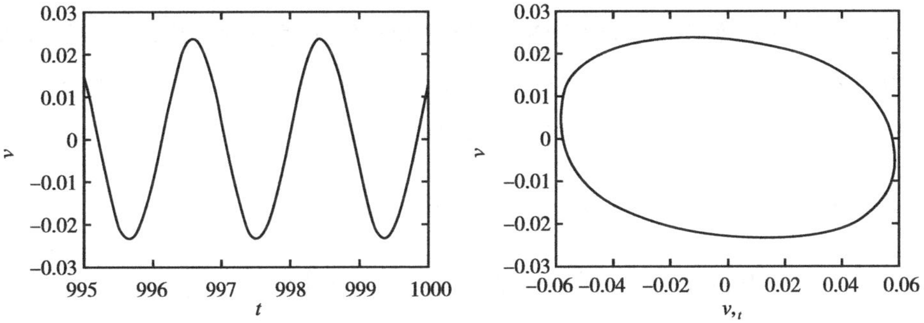

（a）时间历程　　（b）相轨迹

图 2-18　图 2-17 的局部放大图

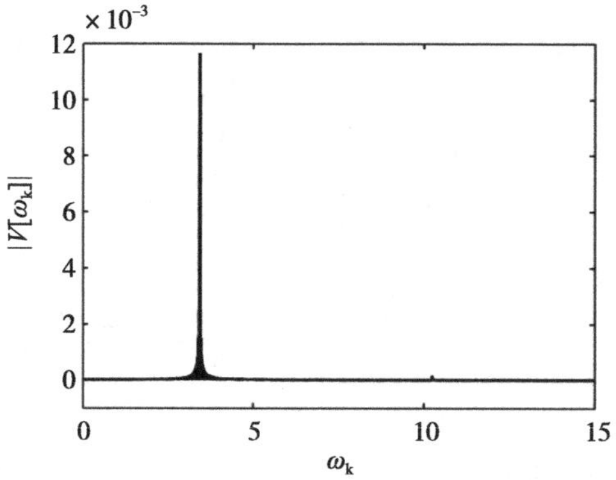

图 2-19 频谱图

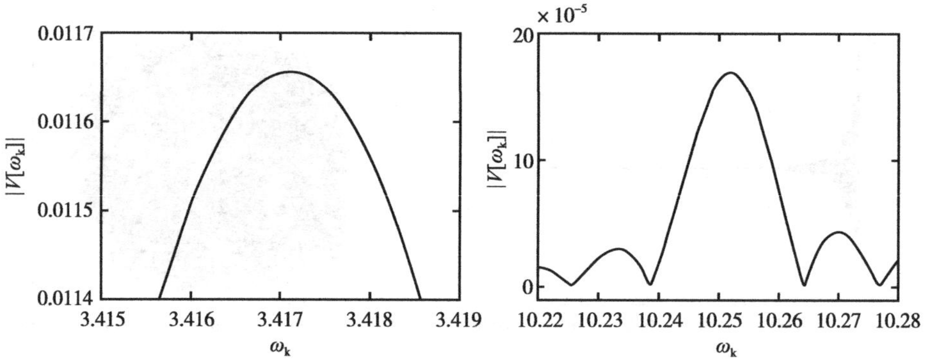

图 2-20 图 2-19 的局部放大图

为了检验稳定稳态响应预测分析在主共振和 3∶1 内共振的定量差异，分别通过直接多尺度法和微分求积法求解梁的振幅。在直接多尺度法得到的近似解中，把方程（2-44）代入方程（2-38）中，并利用 $\cos(\omega t)=(e^{i\omega t}+e^{-i\omega t})/2$ 和 $\sin(\omega t)=(e^{i\omega t}-e^{-i\omega t})/2i$ 得到梁稳态响应的振幅

$$
\begin{aligned}
v_0 = {} & 2\left[\left(\varphi_1^{R} p_1-\varphi_1^{I} q_1\right)\cos\left(\omega_1+\frac{\sigma_2}{2}\right)T_0-\left(\varphi_1^{I} p_1+\varphi_1^{R} q_1\right)\sin\left(\omega_1+\frac{\sigma_2}{2}\right)T_0\right] \\
& +2\left[\left(\varphi_2^{R} p_2-\varphi_2^{I} q_2\right)\cos 3\left(\omega_1+\frac{\sigma_2}{2}\right)T_0-\left(\varphi_2^{I} p_2+\varphi_2^{R} q_2\right)\sin 3\left(\omega_1+\frac{\sigma_2}{2}\right)T_0\right]
\end{aligned} \tag{2-57}
$$

方程（2-57）的最大值是稳定的稳态响应。

图 2-21 给出了不同方法下轴向变速运动非线性黏弹性梁稳态响应的比较。其中实线表示直接多尺度法的近似解析解；黑点表示微分求积法的数值解。在图 2-7 中，参数设置为 k_f=0.2、γ_0=0.86、γ_1=0.1、α=0.0001 和 c_d=0.001。观

察图 2–21，从中可看出，微分求积法和直接多尺度法的结果在数值上还是有微小差别的，但其变化性质是相同的。

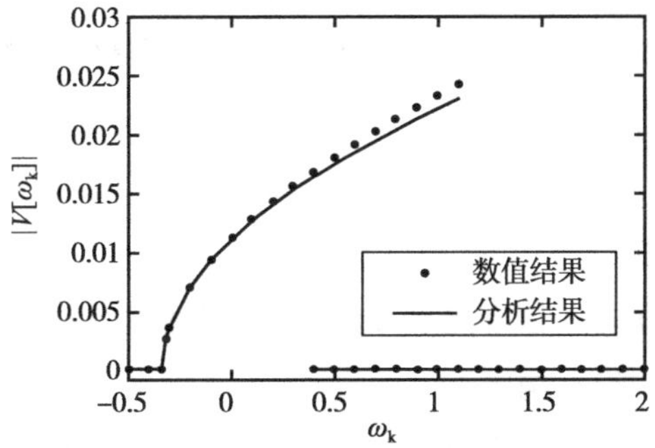

图 2–21　直接多尺度法和微分求积法下稳态响应曲线的比较

表 2–1 给出了非齐次边界条件和齐次边界条件下轴向变速运动非线性黏弹性梁稳态响应的比较。在表 2–1 中，参数设置为 k_f=0.2、γ_0=0.86、γ_1=0.1、α=0.0001 和 c_d=0.001。从表 2–1 中可以看出，两种边界条件下的稳态响应吻合较好。因此，在之前直接多尺度分析轴向运动黏弹性材料中的假设是合理的。

表 2–1　非齐次边界和齐次边界条件下稳态响应的比较

σ_2	RNHBC	RHBC	σ_2	RNHBC	RHBC
−0.315	0.00257247	0.00246374	0.4	0.0163233	0.0163059
−0.3	0.00347367	0.00339388	0.5	0.017403	0.0173865
−0.2	0.00695643	0.00691678	0.6	0.0184218	0.0184062
−0.1	0.0092043	0.00917423	0.7	0.0193923	0.0193771
0	0.0110022	0.010977	0.8	0.0203291	0.0203129
0.1	0.0125452	0.012523	0.9	0.0212556	0.0212306
0.2	0.0139185	0.0138983	1	0.0221628	0.0221183
0.3	0.0151683	0.0151496	1.1	0.0229367	0.0229108

第六节　小结

本章研究了轴向变速运动黏弹性梁的非线性振动，引入了弹性地基，考虑了有限支撑刚度、黏弹性系数和黏性阻尼对参数共振和 3∶1 内共振的影响，首先，建立了变张力作用下轴向变速运动黏弹性梁的耦合控制方程和相应的非齐次边界条件。在小变形的有限拉伸问题中，控制方程化简成了与时间和空间独立的积分—偏微分方程。其次，应用直接多尺度法得到了可解性条件，分析了非线性振动梁的稳态响应、稳定性和分叉。采用具体参数值，分析了不同的控制参数对系统动态稳定性的影响。最后，利用微分求积法进行了数值验证。

（1）在一定的平均速度范围内，特殊位置的平均速度会使 $\omega_2 \approx 3\omega_1$，此时可能发生 3∶1 内共振。

（2）当轴向速度脉动频率接近 2 倍的第一阶固有频率时，连续平衡变得不稳定，且产生稳定的稳态响应。

（3）给出了线性派生系统的前四阶复频率随轴向平均速度的增加的变化情况。在临界速度之前，系统是稳定的。当达到临界速度时，ω_1 消失。当 $2.28 \leqslant \gamma_0 \leqslant 2.43$ 时，系统再次稳定。当 $\gamma_0 \geqslant 2.44$ 时，系统发生颤振现象且系统再次失去稳定性。此后，系统变得更加复杂并再无稳定区域。

（4）当给定速度的脉动频率时，较大的地基刚度导致固有频率增大；较大的地基刚度导致临界速度增大。

（5）较大的黏弹性系数和黏性阻尼系数导致失稳区域增大，此外，黏弹性系数比黏性阻尼对零稳定边界更加敏感。

（6）分析得到响应曲线有零解和非零解（双模态解）。非零解具有硬弹簧特性，且其仅在某些参数范围内存在。当黏弹性系数非零时，非零解有在亚临界音叉分叉点有稳定分支；在超临界音叉分叉点有不稳定分支。当黏弹性系数等于零时，系统变得更加复杂。虽然量很小，但还是有能量在前两阶模态中转换。

（7）在第二阶模态和零解的较小不稳定区间中，较大的黏弹性系数导致响应幅值减小；较大的黏性阻尼系数和轴向平均速度导致振荡响应幅值减小。结果表明微分求积法得到的数值结果和直接多尺度法得到的近似解吻合得非常好。

（8）直接多尺度法和微分求积法分析结果吻合得非常好。同时，数值结果表明了在 3∶1 内共振的情况下，第一和第二阶模态会有能量交换。

（9）结果表明，把轴向运动黏弹性体的非齐次边界条件假设为齐次边界条件的做法是合理的。

第三章

轴向变速运动黏弹性 Timoshenko 梁

第一节 数学模型

考虑密度为 ρ，横截面面积为 A，支承两端间的长度为 L，截面绕中性轴的转动惯量为 I，黏弹性系数为 α，剪切模量为 G，初始轴力为 P_0，弹性模量为 E 的均匀 Timoshenko 梁以随时间变化的速度 Γ（t）沿轴向运动。同样假定 Timoshenko 梁的变形局限于垂直面内，并采用混合的 Eulerian–Lagrangian 描述。

由于横向变形，作用于 x 方向的轴力 P 引起的势能 U 为

$$\begin{aligned}U&=\int_0^L P(\mathrm{d}s-\mathrm{d}x)=\int_0^L P\left(\sqrt{(\mathrm{d}x+\mathrm{d}u)^2+(\mathrm{d}v)^2}-\mathrm{d}x\right)\\&=\int_0^L P\left(\sqrt{(\mathrm{d}x+u_{,x}\,\mathrm{d}x)^2+(v_{,x}\,\mathrm{d}x)^2}-\mathrm{d}x\right)=\int_0^L P\left(\sqrt{(1+u_{,x})^2+v_{,x}^2}-1\right)\mathrm{d}x\end{aligned}\tag{3-1}$$

其中 $\mathrm{d}s$ 为微段 $\mathrm{d}x$ 变形后的长度，v（x，t）和 u（x，t）分别为 Timoshenko 梁在轴向坐标 x 处和 t 时刻的横向位移和径向位移。

轴向变速运动黏弹性 Timoshenko 梁的动能 T 为

$$\begin{aligned}T&=\frac{1}{2}\int_0^L \rho A\left(\Gamma+\frac{\mathrm{d}u}{\mathrm{d}t}\right)^2\mathrm{d}x+\frac{1}{2}\int_0^L \rho A\left(\frac{\mathrm{d}v}{\mathrm{d}t}\right)^2\mathrm{d}x+\frac{1}{2}\int_0^L \rho I\left(\frac{\mathrm{d}\varphi}{\mathrm{d}t}\right)^2\mathrm{d}x\\&=\frac{1}{2}\int_0^L \rho A\left(\Gamma+u_{,t}+\Gamma u_{,x}\right)^2\mathrm{d}x+\frac{1}{2}\int_0^L \rho A\left(v_{,t}+\Gamma v_{,x}\right)^2\mathrm{d}x\\&\quad+\frac{1}{2}\int_0^L \rho I\left(\varphi_{,t}+\Gamma\varphi_{,x}\right)^2\mathrm{d}x\end{aligned}\tag{3-2}$$

其中 φ（x，t）为弯矩产生的 Timoshenko 梁轴线的转角，第一项表示轴向变速运动黏弹性 Timoshenko 梁径向振动的动能，第二项表示横向振动的动能，第

三项表示转动的动能。

变形功的变分 δW 为

$$\delta W=-\int_0^L\int_{-h/2}^{h/2}\left(\sigma_x\delta\varepsilon_x+\tau_{zx}\delta\gamma_{zx}\right)\mathrm{d}z\mathrm{d}x \tag{3-3}$$

其中 h 是Timoshenko梁的厚度，z 是横截面上任意点距中性面的距离，$\sigma_x(x,\ t)$ 和 $\varepsilon_x(x,\ t)$ 分别为正应力和正应变，$\tau_{zx}(x,\ t)$ 和 $\gamma_{zx}(x,\ t)$ 分别为剪应力和剪应变。应变—位移的关系为

$$\varepsilon_x=-z\varphi,_x+\sqrt{\left(1+u,_x\right)^2+v,_x^2}-1,\ \gamma_{zx}=-\left(\varphi-v,_x\right) \tag{3-4}$$

黏弹性本构关系为 Kelvin 模型并取物质时间导数

$$\sigma_x=E\left[\varepsilon_x+\alpha\left(\varepsilon_x,_t+\Gamma\varepsilon_x,_x\right)\right],\ \tau_{zx}=kG\left[\gamma_{zx}+\alpha\left(\gamma_{zx},_t+\Gamma\gamma_{zx},_x\right)\right] \tag{3-5}$$

其中 k 是 Timoshenko 梁的截面形状因子。

基于广义哈密尔顿原理

$$\delta\int_{t_1}^{t_2}\left(T-U\right)\mathrm{d}t+\int_{t_1}^{t_2}\delta W\mathrm{d}t=0 \tag{3-6}$$

将式（3–1）~式（3–3）代入式（3–6），导出轴向变速运动黏弹性 Timoshenko 梁的动力学方程组的变分系统

$$\int_{t_1}^{t_2}\int_0^L\left\{\rho A\left(u,_{tt}+\dot{\Gamma}+2\Gamma u,_{xt}+\dot{\Gamma}u,_x+\Gamma^2u,_{xx}\right)-\left[\frac{\left(P+A\sigma_{xN}\right)\left(1+u,_x\right)}{\sqrt{\left(1+u,_x\right)^2+v,_x^2}}\right],_x\right\}\delta u\mathrm{d}x\mathrm{d}t=0 \tag{3-7}$$

$$\int_{t_1}^{t_2}\int_0^L\left\{\rho A\left(v,_{tt}+2\Gamma v,_{xt}+\dot{\Gamma}v,_x+\Gamma^2v,_{xx}\right)-\left[\frac{\left(P+A\sigma_{xN}\right)v,_x}{\sqrt{\left(1+u,_x\right)^2+v,_x^2}}\right],_x+Q,_x\right\}\delta v\mathrm{d}x\mathrm{d}t=0 \tag{3-8}$$

$$\int_{t_1}^{t_2}\int_0^L\left\{\rho I\left(\varphi,_{tt}+2\Gamma\varphi,_{xt}+\dot{\Gamma}\varphi,_x+\Gamma^2\varphi,_{xx}\right)-M,_x+Q\right\}\delta\varphi\mathrm{d}x\mathrm{d}t=0 \tag{3-9}$$

其中

$$\sigma_{xN}=E\left(\sqrt{\left(1+u,_x\right)^2+v,_x^2}-1\right)+\alpha\left[\left(\sqrt{\left(1+u,_x\right)^2+v,_x^2}\right),_t+\Gamma\left(\sqrt{\left(1+u,_x\right)^2+v,_x^2}\right),_x\right] \tag{3-10}$$

$$Q=kAG\left[\left(\varphi-v,_x\right)+\alpha\left(\varphi,_t-v,_{xt}\right)+\alpha\Gamma\left(\varphi,_x-v,_{xx}\right)\right] \tag{3-11}$$

$$M=EI\left[\varphi,_x+\alpha\left(\varphi,_{xt}+\Gamma\varphi,_{xx}\right)\right] \tag{3-12}$$

由于虚位移的任意性，由式（3–7）~式（3–9）导出轴向变速运动黏弹性 Timoshenko 梁耦合平面运动的动力学方程组

$$\rho A\left(u_{,tt}+\dot{\Gamma}+2\Gamma u_{,xt}+\dot{\Gamma}u_{,x}+\Gamma^2 u_{,xx}\right)-\left[\frac{\left(P+A\sigma_{xN}\right)\left(1+u_{,x}\right)}{\sqrt{\left(1+u_{,x}\right)^2+v_{,x}^2}}\right]_{,x}=0 \tag{3–13}$$

$$\rho A\left(v_{,tt}+2\Gamma v_{,xt}+\dot{\Gamma}v_{,x}+\Gamma^2 v_{,xx}\right)-\left[\frac{\left(P+A\sigma_{xN}\right)v_{,x}}{\sqrt{\left(1+u_{,x}\right)^2+v_{,x}^2}}\right]_{,x}+Q_{,x}=0 \tag{3–14}$$

$$\rho I\left(\varphi_{,tt}+2\Gamma\varphi_{,xt}+\dot{\Gamma}\varphi_{,x}+\Gamma^2\varphi_{,xx}\right)-M_{,x}+Q=0 \tag{3–15}$$

经过与轴向变速运动黏弹性 Euler 梁相类似的假定和简化，导出轴向变速运动黏弹性 Timoshenko 梁偏微分型的动力学方程组

$$\begin{aligned}&\rho A\left(v_{,tt}+2\Gamma v_{,xt}+\Gamma^2 v_{,xx}\right)-\left[P_0+\eta\rho A\Gamma^2+(x-L)\rho A\dot{\Gamma}\right]v_{,xx}\\&+kAG\left[\left(\varphi_{,x}-v_{,xx}\right)+\alpha\left(\varphi_{,xt}-v_{,xxt}\right)+\alpha\Gamma\left(\varphi_{,xx}-v_{,xxx}\right)\right]=0\end{aligned} \tag{3–16}$$

$$\begin{aligned}&\rho I\left(\varphi_{,tt}+2\Gamma\varphi_{,xt}+\dot{\Gamma}\varphi_{,x}+\Gamma^2\varphi_{,xx}\right)-EI\left[\varphi_{,xx}+\alpha\left(\varphi_{,xxt}+\Gamma\varphi_{,xxx}\right)\right]\\&+kAG\left[\left(\varphi-v_{,x}\right)+\alpha\left(\varphi_{,t}-v_{,xt}\right)+\alpha\Gamma\left(\varphi_{,x}-v_{,xx}\right)\right]=0\end{aligned} \tag{3–17}$$

两端简支的边界条件为

$$v\big|_0^L=0,\ \left\{EI\left[\varphi_{,x}+\alpha\left(\varphi_{,xt}+\Gamma\varphi_{,xx}\right)\right]-\rho I\Gamma\left(\varphi_{,t}+\Gamma\varphi_{,x}\right)\right\}\Big|_0^L=0 \tag{3–18}$$

引入如下新的无量纲变量

$$\begin{aligned}&v\leftrightarrow\frac{v}{\sqrt{\varepsilon}L},\varphi\leftrightarrow\frac{\varphi}{\sqrt{\varepsilon}},x\leftrightarrow\frac{x}{L},t\leftrightarrow\frac{t}{L}\sqrt{\frac{P_0}{\rho A}},\gamma=\Gamma\sqrt{\frac{\rho A}{P_0}},\\&k_1=\frac{kAG}{P_0},k_2=\frac{I}{AL^2},k_{\mathrm{f}}=\sqrt{\frac{EI}{P_0L^2}},\alpha\leftrightarrow\frac{\alpha}{\varepsilon L}\sqrt{\frac{P_0}{\rho A}},\kappa=1-\eta\end{aligned} \tag{3–19}$$

其中 ε 同样是一个无量纲的参数，表征横向位移、转角以及 Timoshenko 梁的黏弹性系数均为小量。将式（3–19）代入式（3–13）和式（3–14），化简可得到无量纲形式的动力学方程组

$$v_{,tt}+2\gamma v_{,xt}+\left[\kappa\gamma^2-(x-1)\dot{\gamma}-1\right]v_{,xx}+k_1\left(\varphi_{,x}-v_{,xx}\right)=-\varepsilon k_1\alpha\left[\varphi_{,xt}-v_{,xxt}+\gamma\left(\varphi_{,xx}-v_{,xxx}\right)\right] \tag{3–20}$$

$$\begin{aligned}&k_2\left(\varphi_{,tt}+2\gamma\varphi_{,xt}+\dot{\gamma}\varphi_{,x}+\gamma^2\varphi_{,xx}\right)-k_{\mathrm{f}}^2\varphi_{,xx}+k_1\left(\varphi-v_{,x}\right)\\&=\varepsilon\alpha\left\{k_{\mathrm{f}}^2\left(\varphi_{,xxt}+\gamma\varphi_{,xxx}\right)-k_1\left[\varphi_{,t}-v_{,xt}+\gamma\left(\varphi_{,x}-v_{,xx}\right)\right]\right\}\end{aligned} \tag{3–21}$$

无量纲形式的边界条件为

$$v\big|_0^1=0,\ \left[\left(k_f^2-k_2\gamma^2\right)\varphi,_x-k_2\gamma\varphi,_t+\varepsilon k_f^2\alpha\left(\varphi,_{xt}+\gamma\varphi,_{xx}\right)\right]\Big|_0^1=0 \tag{3-22}$$

第二节 直接多尺度分析

设无量纲的轴向运动速度在平均速度附近做微小的简谐脉动

$$\gamma=\gamma_0+\varepsilon\gamma_1\sin\left(\omega t\right) \tag{3-23}$$

其中 γ_0 为平均速度；γ_1 和 ω 分别为轴向速度脉动的振幅和频率。它们均为无量纲的参数。将式（3–23）代入式（3–20）~式（3–22）得到

$$\begin{aligned}&v,_{tt}+2\gamma_0 v,_{xt}+\left(\kappa\gamma_0^2-1\right)v,_{xx}+k_1\left(\varphi,_x-v,_{xx}\right)\\&=-\varepsilon\left\{k_1\alpha\left[\varphi,_{xt}-v,_{xxt}+\gamma_0\left(\varphi,_{xx}-v,_{xxx}\right)\right]+\gamma_1\left[2\sin\left(\omega t\right)\left(v,_{xt}+\kappa\gamma_0 v,_{xx}\right)\right.\right.\\&\left.\left.-\omega\left(x-1\right)\cos\left(\omega t\right)v,_{xx}\right]\right\}+O\left(\varepsilon^2\right)\end{aligned} \tag{3-24}$$

$$\begin{aligned}&k_2\left(\varphi,_{tt}+2\gamma_0\varphi,_{xt}+\gamma_0^2\varphi,_{xx}\right)-k_f^2\varphi,_{xx}+k_1\left(\varphi-v,_x\right)\\&=-\varepsilon k_2\gamma_1\left[\omega\cos\left(\omega t\right)\varphi,_x+2\sin\left(\omega t\right)\left(\varphi,_{xt}+\gamma_0\varphi,_{xx}\right)\right]\\&\quad-\varepsilon\alpha\left\{k_f^2\left(\varphi,_{xxt}+\gamma_0\varphi,_{xxx}\right)-k_1\left[\varphi,_t-v,_{xt}+\gamma_0\left(\varphi,_x-v,_{xx}\right)\right]\right\}+O\left(\varepsilon^2\right)\end{aligned} \tag{3-25}$$

$$\begin{aligned}&\left[\left(k_f^2-k_2\gamma_0^2\right)\varphi,_x-k_2\gamma_0\varphi,_t+\varepsilon k_f^2\alpha\left(\varphi,_{xt}+\gamma_0\varphi,_{xx}\right)\right.\\&\left.-\varepsilon k_2\gamma_1\sin\left(\omega t\right)\left(\varphi,_t+2\gamma_0\varphi,_x\right)\right]\Big|_0^1=0,\ v\big|_0^1=0\end{aligned} \tag{3-26}$$

对式（3–24）~式（3–26）应用直接多尺度方法，找到形式为

$$\begin{aligned}&v\left(x,t;\varepsilon\right)=v_0\left(x,T_0,T_1\right)+\varepsilon v_1\left(x,T_0,T_1\right)+O\left(\varepsilon^2\right),\\&\varphi\left(x,t;\varepsilon\right)=\varphi_0\left(x,T_0,T_1\right)+\varepsilon\varphi_1\left(x,T_0,T_1\right)+O\left(\varepsilon^2\right).\end{aligned} \tag{3-27}$$

的一致有效解。其中 $T_0=t$ 为由某些固有频率而致的快时间尺度；$T_1=\varepsilon t$ 是由黏弹性和速度小扰动而引发的振幅和相位慢变的慢时间尺度。将式（3–27）和下列关系式

$$\frac{\partial}{\partial t}=\frac{\partial}{\partial T_0}+\varepsilon\frac{\partial}{\partial T_1},\ \frac{\partial^2}{\partial t^2}=\frac{\partial^2}{\partial T_0^2}+2\varepsilon\frac{\partial^2}{\partial T_0\partial T_1}+O\left(\varepsilon^2\right) \tag{3-28}$$

代入式（3–24）~式（3–26），并分离 e^0 和 e^1 不同阶量且令其系数相等，得到

$$\varepsilon^0: v_{0,T_0T_0}+2\gamma_0 v_{0,xT_0}+\left(\kappa\gamma_0^2-1\right)v_{0,xx}+k_1\left(\varphi_{0,x}-v_{0,xx}\right)=0 \tag{3-29}$$

$$\varepsilon^0: k_2\left(\varphi_{0,T_0T_0}+2\gamma_0\varphi_{0,xT_0}+\gamma_0^2\varphi_{0,xx}\right)-k_{\mathrm{f}}^2\varphi_{0,xx}+k_1\left(\varphi_0-v_{0,x}\right)=0 \tag{3-30}$$

$$\varepsilon^0: v_0\Big|_0^1=0,\ \left[\left(k_{\mathrm{f}}^2-k_2\gamma_0^2\right)\varphi_{0,x}-k_2\gamma_0\varphi_{0,T_0}\right]\Big|_0^1=0 \tag{3-31}$$

$$\begin{aligned}\varepsilon^1:&\ v_{1,T_0T_0}+2\gamma_0 v_{1,xT_0}+\left(\kappa\gamma_0^2-1\right)v_{1,xx}+k_1\left(\varphi_{1,x}-v_{1,xx}\right)\\&=-2\left(v_{0,T_0T_1}+\gamma_0 v_{0,xT_1}\right)-2\gamma_1\sin(\omega t)\left(v_{0,xT_0}+\gamma_0 v_{0,xx}\right)\\&\quad-(1-x)\gamma_1\omega\cos(\omega t)v_{0,xx}-\alpha k_1\left[\varphi_{0,xT_0}-v_{0,xxT_0}+\gamma_0\left(\varphi_{0,xx}-v_{0,xxx}\right)\right]\end{aligned} \tag{3-32}$$

$$\begin{aligned}\varepsilon^1:&\ k_2\left(\varphi_{1,T_0T_0}+2\gamma_0\varphi_{1,xT_0}+\gamma_0^2\varphi_{1,xx}\right)-k_{\mathrm{f}}^2\varphi_{1,xx}+k_1\left(\varphi_1-v_{1,x}\right)\\&=-2k_2\left(\varphi_{0,T_0T_1}+\gamma_0\varphi_{0,xT_1}\right)-2k_2\gamma_1\sin(\omega t)\left(\varphi_{0,xT_0}+\gamma_0\varphi_{0,xx}\right)\\&\quad-k_2\gamma_1\omega\cos(\omega t)\varphi_{0,x}+\alpha k_{\mathrm{f}}^2\left(\varphi_{0,xxT_0}+\gamma_0\varphi_{0,xxx}\right)\\&\quad-\alpha k_1\left[\varphi_{0,T_0}-v_{0,xT_0}+\gamma_0\left(\varphi_{0,x}-v_{0,xx}\right)\right]\end{aligned} \tag{3-33}$$

$$\begin{aligned}\varepsilon^1:&\ \left[\left(k_{\mathrm{f}}^2-k_2\gamma_0^2\right)\varphi_{1,x}-k_2\gamma_0\left(\varphi_{1,T_0}+\varphi_{0,T_1}\right)+\alpha k_{\mathrm{f}}^2\left(\varphi_{0,xT_0}+\gamma_0\varphi_{0,xx}\right)\right.\\&\left.-k_2\gamma_1\sin(\omega t)\left(\varphi_{0,T_0}+2\gamma_0\varphi_{0,x}\right)\right]\Big|_0^1=0,\ v_1\Big|_0^1=0\end{aligned} \tag{3-34}$$

解耦线性派生系统式（3–29）和式（3–30），得到

$$\begin{aligned}&v_{0,T_0T_0}+2\gamma_0 v_{0,xT_0}+\left(\kappa\gamma_0^2-1\right)v_{0,xx}+\frac{4k_2\gamma_0}{k_1}v_{0,xT_0T_0T_0}+\frac{k_2}{k_1}v_{0,T_0T_0T_0T_0}\\&+\left[\frac{k_2\left(\kappa\gamma_0^2+5\gamma_0^2-1\right)-k_{\mathrm{f}}^2}{k_1}-k_2\right]v_{0,xxT_0T_0}+\left(k_2\gamma_0^2-k_{\mathrm{f}}^2\right)\left(\frac{\kappa\gamma_0^2-1}{k_1}-1\right)v_{0,xxxx}\\&+2\gamma_0\left[\frac{k_2\left(\kappa\gamma_0^2+\gamma_0^2-1\right)-k_{\mathrm{f}}^2}{k_1}-k_2\right]v_{0,xxxT_0}=0\end{aligned} \tag{3-35}$$

$$\begin{aligned}&\varphi_{0,T_0T_0}+2\gamma_0\varphi_{0,xT_0}+\left(\kappa\gamma_0^2-1\right)\varphi_{0,xx}+\frac{4k_2\gamma_0}{k_1}\varphi_{0,xT_0T_0T_0}+\frac{k_2}{k_1}\varphi_{0,T_0T_0T_0T_0}\\&+\left[\frac{k_2\left(\kappa\gamma_0^2+5\gamma_0^2-1\right)-k_{\mathrm{f}}^2}{k_1}-k_2\right]\varphi_{0,xxT_0T_0}+\left(k_2\gamma_0^2-k_{\mathrm{f}}^2\right)\left(\frac{\kappa\gamma_0^2-1}{k_1}-1\right)\varphi_{0,xxxx}\\&+2\gamma_0\left[\frac{k_2\left(\kappa\gamma_0^2+\gamma_0^2-1\right)-k_{\mathrm{f}}^2}{k_1}-k_2\right]\varphi_{0,xxxT_0}=0\end{aligned} \tag{3-36}$$

观察式（3–35）和式（3–36）的形式，可以假定其解具有分离变量的形式

$$v_0\left(x,T_0,T_1\right)=\sum_{n=1}^{\infty}A_n\left(T_1\right)\phi_n(x)\mathrm{e}^{\mathrm{i}\omega_n T_0}+cc,$$

$$\varphi_0\left(x,T_0,T_1\right)=\sum_{n=1}^{\infty}B_n\left(T_1\right)\vartheta_n\left(x\right)\mathrm{e}^{\mathrm{i}\omega_n T_0}+cc \tag{3-37}$$

其中 A_n 和 B_n 为待定的复函数；ϕ_n 和 ϑ_n 分别为线性派生系统横向位移和转角的第 n 阶模态函数；ω_n 为第 n 阶固有频率。将式（3–37）代入式（3–35）和式（3–36）导出

$$\begin{aligned}&\left(k_2\gamma_0^2-k_{\mathrm{f}}^2\right)\left(\frac{\kappa\gamma_0^2-1}{k_1}-1\right)\phi_n''''+2\mathrm{i}\omega_n\gamma_0\left[\frac{k_2\left(\kappa\gamma_0^2+\gamma_0^2-1\right)-k_{\mathrm{f}}^2}{k_1}-k_2\right]\phi_n'''\\&-\omega_n^2\left[\frac{k_2\left(\kappa\gamma_0^2+5\gamma_0^2-1\right)-k_{\mathrm{f}}^2}{k_1}-k_2\right]\phi_n''+\left(\kappa\gamma_0^2-1\right)\phi_n''\\&+2\mathrm{i}\omega_n\gamma_0\left(1-\frac{2\omega_n^2k_2}{k_1}\right)\phi_n'-\omega_n^2\left(1-\frac{\omega_n^2k_2}{k_1}\right)\phi_n=0\end{aligned} \tag{3-38}$$

$$\begin{aligned}&\left(k_2\gamma_0^2-k_{\mathrm{f}}^2\right)\left(\frac{\kappa\gamma_0^2-1}{k_1}-1\right)\vartheta_n''''+2\mathrm{i}\omega_n\gamma_0\left[\frac{k_2\left(\kappa\gamma_0^2+\gamma_0^2-1\right)-k_{\mathrm{f}}^2}{k_1}-k_2\right]\vartheta_n'''\\&-\omega_n^2\left[\frac{k_2\left(\kappa\gamma_0^2+5\gamma_0^2-1\right)-k_{\mathrm{f}}^2}{k_1}-k_2\right]\vartheta_n''+\left(\kappa\gamma_0^2-1\right)\vartheta_n''\\&+2\mathrm{i}\omega_n\gamma_0\left(1-\frac{2\omega_n^2k_2}{k_1}\right)\vartheta_n'-\omega_n^2\left(1-\frac{\omega_n^2k_2}{k_1}\right)\vartheta_n=0\end{aligned} \tag{3-39}$$

四阶齐次线性复系数常微分方程组（3–38）和式（3–39）的解可以写为

$$\begin{aligned}\phi_n&=A_{1n}\,\mathrm{e}^{\mathrm{i}\beta_{1n}x}+A_{2n}\,\mathrm{e}^{\mathrm{i}\beta_{2n}x}+A_{3n}\,\mathrm{e}^{\mathrm{i}\beta_{3n}x}+A_{4n}\,\mathrm{e}^{\mathrm{i}\beta_{4n}x}\\\vartheta_n&=B_{1n}\,\mathrm{e}^{\mathrm{i}\beta_{1n}x}+B_{2n}\,\mathrm{e}^{\mathrm{i}\beta_{2n}x}+B_{3n}\,\mathrm{e}^{\mathrm{i}\beta_{3n}x}+B_{4n}\,\mathrm{e}^{\mathrm{i}\beta_{4n}x}\end{aligned} \tag{3-40}$$

将式（3–37）和式（3–40）代入式（3–29）导出

$$B_nB_{jn}=C_{jn}A_nA_{jn} \tag{3-41}$$

其中

$$C_{jn}=\frac{\omega_n^2+2\beta_{jn}\omega_n\gamma_0+\left(\kappa\gamma_0^2-k_1-1\right)\beta_{jn}^2}{\mathrm{i}k_1\beta_{jn}} \tag{3-42}$$

将式（3–40）代入式（3–38），得到

$$\begin{aligned}&\left(k_2\gamma_0^2-k_{\mathrm{f}}^2\right)\left(\frac{\kappa\gamma_0^2-1}{k_1}-1\right)\beta_{jn}^4+2\omega_n\gamma_0\left[\frac{k_2\left(\kappa\gamma_0^2+\gamma_0^2-1\right)-k_{\mathrm{f}}^2}{k_1}-k_2\right]\beta_{jn}^3\\&+\omega_n^2\left[\frac{k_2\left(\kappa\gamma_0^2+5\gamma_0^2-1\right)-k_{\mathrm{f}}^2}{k_1}-k_2\right]\beta_{jn}^2-\left(\kappa\gamma_0^2-1\right)\beta_{jn}^2\\&-2\omega_n\gamma_0\left(1-\frac{2\omega_n^2k_2}{k_1}\right)\beta_{jn}-\omega_n^2\left(1-\frac{\omega_n^2k_2}{k_1}\right)=0\end{aligned} \tag{3-43}$$

将式（3-37）、式（3-40）和式（3-41）代入式（3-31）导出

$$\begin{pmatrix} 1 & 1 & 1 & 1 \\ D_{1n} & D_{2n} & D_{3n} & D_{4n} \\ e^{i\beta_{1n}} & e^{i\beta_{2n}} & e^{i\beta_{3n}} & e^{i\beta_{4n}} \\ D_{1n}e^{i\beta_{1n}} & D_{2n}e^{i\beta_{2n}} & D_{3n}e^{i\beta_{3n}} & D_{4n}e^{i\beta_{4n}} \end{pmatrix}\begin{pmatrix} A_nA_{1n} \\ A_nA_{2n} \\ A_nA_{3n} \\ A_nA_{4n} \end{pmatrix}=\mathbf{0} \tag{3-44}$$

其中

$$\begin{aligned} D_{jn}=&\left[\left(k_f^2-k_2\gamma_0^2\right)\beta_{jn}-\omega_nk_2\gamma_0\right]\left[\omega_n^2+2\beta_{jn}\omega_n\gamma_0\right. \\ &\left.+\left(\kappa\gamma_0^2-k_1-1\right)\beta_{jn}^2\right]\Big/\beta_{jn}\qquad(j=1,2,3,4) \end{aligned} \tag{3-45}$$

式（3-45）有非零解的条件为其系数矩阵的行列式为零，整理得到线性派生系统的频率方程

$$\begin{aligned} &\left[e^{i(\beta_{1n}+\beta_{2n})}+e^{i(\beta_{3n}+\beta_{4n})}\right]\left(D_{1n}-D_{2n}\right)\left(D_{3n}-D_{4n}\right) \\ &-\left[e^{i(\beta_{1n}+\beta_{3n})}+e^{i(\beta_{2n}+\beta_{4n})}\right]\left(D_{1n}-D_{3n}\right)\left(D_{2n}-D_{4n}\right) \\ &+\left[e^{i(\beta_{2n}+\beta_{3n})}+e^{i(\beta_{1n}+\beta_{4n})}\right]\left(D_{2n}-D_{3n}\right)\left(D_{1n}-D_{4n}\right)=0 \end{aligned} \tag{3-46}$$

从而导出线性派生系统的模态函数

$$\begin{aligned} \phi_n=a_1\Bigg\{&e^{i\beta_{1n}x}-\frac{\left(D_{4n}-D_{1n}\right)\left(e^{i\beta_{3n}}-e^{i\beta_{1n}}\right)}{\left(D_{4n}-D_{2n}\right)\left(e^{i\beta_{3n}}-e^{i\beta_{2n}}\right)}e^{i\beta_{2n}x}-e^{i\beta_{3n}x}\cdot \\ &\frac{\left(D_{4n}-D_{1n}\right)\left(e^{i\beta_{2n}}-e^{i\beta_{1n}}\right)}{\left(D_{4n}-D_{3n}\right)\left(e^{i\beta_{2n}}-e^{i\beta_{3n}}\right)}-\left[1-\frac{\left(D_{4n}-D_{1n}\right)\left(e^{i\beta_{3n}}-e^{i\beta_{1n}}\right)}{\left(D_{4n}-D_{2n}\right)\left(e^{i\beta_{3n}}-e^{i\beta_{2n}}\right)}\right. \\ &\left.-\frac{\left(D_{4n}-D_{1n}\right)\left(e^{i\beta_{2n}}-e^{i\beta_{1n}}\right)}{\left(D_{4n}-D_{3n}\right)\left(e^{i\beta_{2n}}-e^{i\beta_{3n}}\right)}\right]e^{i\beta_{4n}x}\Bigg\} \end{aligned} \tag{3-47}$$

$$\begin{aligned} \vartheta_n=a_1\Bigg\{&C_{1n}e^{i\beta_{1n}x}-\frac{C_{2n}\left(D_{4n}-D_{1n}\right)\left(e^{i\beta_{3n}}-e^{i\beta_{1n}}\right)}{\left(D_{4n}-D_{2n}\right)\left(e^{i\beta_{3n}}-e^{i\beta_{2n}}\right)}e^{i\beta_{2n}x}-e^{i\beta_{3n}x}\cdot \\ &\frac{C_{3n}\left(D_{4n}-D_{1n}\right)\left(e^{i\beta_{2n}}-e^{i\beta_{1n}}\right)}{\left(D_{4n}-D_{3n}\right)\left(e^{i\beta_{2n}}-e^{i\beta_{3n}}\right)}-C_{4n}\left[1-\frac{\left(D_{4n}-D_{1n}\right)\left(e^{i\beta_{3n}}-e^{i\beta_{1n}}\right)}{\left(D_{4n}-D_{2n}\right)\left(e^{i\beta_{3n}}-e^{i\beta_{2n}}\right)}\right. \\ &\left.-\frac{\left(D_{4n}-D_{1n}\right)\left(e^{i\beta_{2n}}-e^{i\beta_{1n}}\right)}{\left(D_{4n}-D_{3n}\right)\left(e^{i\beta_{2n}}-e^{i\beta_{3n}}\right)}\right]e^{i\beta_{4n}x}\Bigg\} \end{aligned} \tag{3-48}$$

若给定 $E=169\times10^9\text{Pa}$、$G=66\times10^9\text{Pa}$、$\rho=7850\text{kg/m}^3$、$A=0.1335\times0.067412\text{m}^2$、$L=0.3\text{m}$、$k=5/6$ 和 $P_0=10^7\text{N}$，由式（3-19）可解得 $\eta=0.5$、$k_1=71.28$、$k_2=0.0042$、

$k_f=0.8$ 和 $\gamma_0=3.0$。在不同支撑刚度参数下，当 $k_f=0.8$ 时，线性派生系统前两阶固有频率随轴向平均速度的变化如图 3-1 所示。图中实线代表 $\eta=1.0$；虚线代表 $\eta=0.5$；点线代表 $\eta=0.0$。在不同刚度下，当 $\eta=0.5$ 时，线性派生系统前两阶固有频率随轴向平均速度的变化如图 3-1 所示。图中实线代表 $k_f=0.2$；虚线代表 $k_f=0.5$；点线代表 $k_f=0.8$。

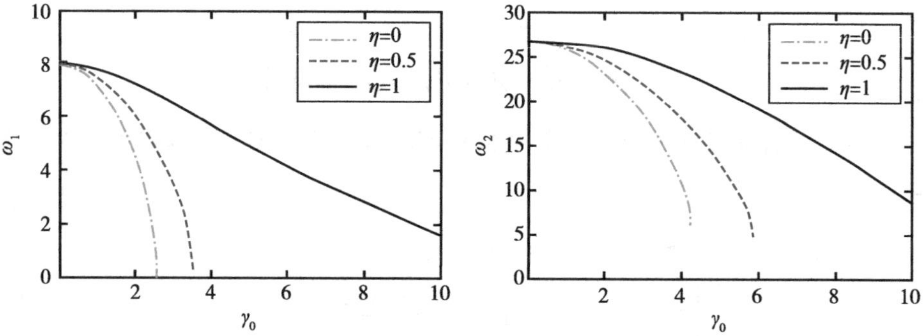

（a）第一阶　　（b）第二阶

图 3-1　不同支撑刚度参数下前两阶固有频率随轴向速度的变化

从图 3-1 和图 3-2 中可以明显看出，固有频率随着轴向平均速度的增加而连续减小。当固定轴向平均速度时，较大的支撑刚度参数和刚度对应较大的频率。因此，支撑刚度参数的引入，使线性派生系统的临界速度有了显著的增加。即使轴向平均速度很大，系统也能在次临界范围内运行。当固定支撑刚度参数和刚度时，频率随着轴向平均速度的增加而减小。

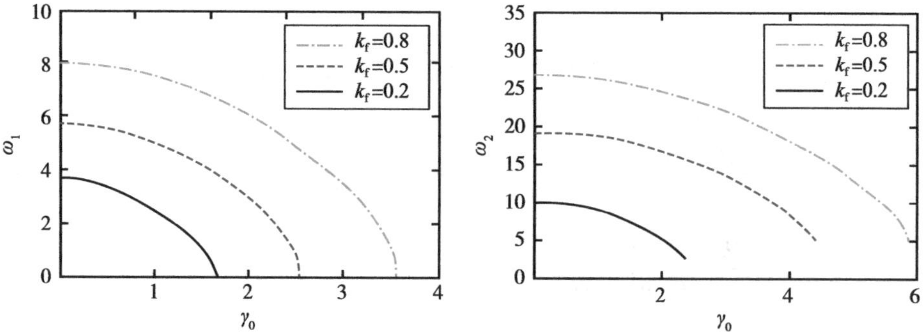

（a）第一阶　　（b）第二阶

图 3-2　不同刚度下前两阶固有频率随轴向速度的变化

第三节　组合参数共振

当速度的脉动频率 ω 接近线性派生系统某两阶固有频率之和时会发生共振现象。现在我们引入解谐参数 σ，表示脉动频率 ω 在 $\omega_m+\omega_n$ 附近变化

$$\omega=\omega_m+\omega_n+\varepsilon\sigma \tag{3-49}$$

其中 ω_m 和 ω_n 分别表示线性派生系统的第 m 和 n 阶固有频率。式（3–29）和式（3–30）的解可以写为

$$\begin{aligned}
v_0\left(x,T_0,T_1\right)&=A_m\left(T_1\right)\phi_m\left(x\right)\mathrm{e}^{\mathrm{i}\omega_m T_0}+A_n\left(T_1\right)\phi_n\left(x\right)\mathrm{e}^{\mathrm{i}\omega_n T_0}+cc\\
\varphi_0\left(x,T_0,T_1\right)&=A_m\left(T_1\right)\vartheta_m\left(x\right)\mathrm{e}^{\mathrm{i}\omega_m T_0}+A_n\left(T_1\right)\vartheta_n\left(x\right)\mathrm{e}^{\mathrm{i}\omega_n T_0}+cc
\end{aligned} \tag{3-50}$$

将式（3–49）和式（3–50）代入式（3–29）和式（3–30），并将右端的三角函数表达为指数形式，得到

$$\begin{aligned}
&v_{1,T_0T_0}+2\gamma_0 v_{1,xT_0}+\left(\kappa\gamma_0^2-1\right)v_{1,xx}+k_1\left(\varphi_{1,x}-v_{1,xx}\right)\\
&=-\Big\{2\left(\mathrm{i}\omega_m\phi_m+\gamma_0\phi_m'\right)\dot{A}_m+\alpha k_1\left[\mathrm{i}\omega_m\left(\vartheta_m'-\phi_m''\right)+\gamma_0\left(\vartheta_m''-\phi_m'''\right)\right]A_m\\
&\quad-\gamma_1\left[\omega_n\bar{\phi}_n'+\mathrm{i}\kappa\gamma_0\bar{\phi}_n''-0.5(1-x)\left(\omega_m+\omega_n\right)\bar{\phi}_n''\right]\bar{A}_n\mathrm{e}^{\mathrm{i}\sigma T_1}\Big\}\mathrm{e}^{\mathrm{i}\omega_m T_0}\\
&\quad-\Big\{2\left(\mathrm{i}\omega_n\phi_n+\gamma_0\phi_n'\right)\dot{A}_n+\alpha k_1\left[\mathrm{i}\omega_n\left(\vartheta_n'-\phi_n''\right)+\gamma_0\left(\vartheta_n''-\phi_n'''\right)\right]A_n\\
&\quad-\gamma_1\left[\omega_m\bar{\phi}_m'+\mathrm{i}\kappa\gamma_0\bar{\phi}_m''-0.5(1-x)\left(\omega_m+\omega_n\right)\bar{\phi}_m''\right]\bar{A}_m\mathrm{e}^{\mathrm{i}\sigma T_1}\Big\}\mathrm{e}^{\mathrm{i}\omega_n T_0}+cc+NST
\end{aligned} \tag{3-51}$$

$$\begin{aligned}
&k_2\left(\varphi_{1,T_0T_0}+2\gamma_0\varphi_{1,xT_0}+\gamma_0^2\varphi_{1,xx}\right)-k_\mathrm{f}^2\varphi_{1,xx}+k_1\left(\varphi_1-v_{1,x}\right)\\
&=-\Big\{2k_2\left(\mathrm{i}\omega_m\vartheta_m+\gamma_0\vartheta_m'\right)\dot{A}_m+\alpha\left[\mathrm{i}\omega_m k_1\left(\vartheta_m-\phi_m'\right)+\gamma_0 k_1\left(\vartheta_m'-\phi_m''\right)\right.\\
&\quad\left.-k_\mathrm{f}^2\left(\mathrm{i}\omega_m\vartheta_m''+\gamma_0\vartheta_m'''\right)\right]A_m-k_2\gamma_1\left[\mathrm{i}\gamma_0\bar{\vartheta}_n''-0.5\left(\omega_m-\omega_n\right)\bar{\vartheta}_n'\right]\bar{A}_n\mathrm{e}^{\mathrm{i}\sigma T_1}\Big\}\mathrm{e}^{\mathrm{i}\omega_m T_0}\\
&\quad-\Big\{2k_2\left(\mathrm{i}\omega_n\vartheta_n+\gamma_0\vartheta_n'\right)\dot{A}_n+\alpha\left[\mathrm{i}\omega_n k_1\left(\vartheta_n-\phi_n'\right)+\gamma_0 k_1\left(\vartheta_n'-\phi_n''\right)\right.\\
&\quad\left.-k_\mathrm{f}^2\left(\mathrm{i}\omega_n\vartheta_n''+\gamma_0\vartheta_n'''\right)\right]A_n-k_2\gamma_1\left[\mathrm{i}\gamma_0\bar{\vartheta}_m''-0.5\left(\omega_n-\omega_m\right)\bar{\vartheta}_m'\right]\bar{A}_m\mathrm{e}^{\mathrm{i}\sigma T_1}\Big\}\mathrm{e}^{\mathrm{i}\omega_n T_0}\\
&\quad+cc+NST
\end{aligned} \tag{3-52}$$

因为式（3–51）和式（3–52）的齐次部分有比例于 exp（ $\pm\mathrm{i}\omega_m T_0$ ）和 exp（ $\pm\mathrm{i}\omega_n T_0$ ）的解，所以正比于 exp（ $\pm\mathrm{i}\omega_m T_0$ ）和 exp（ $\pm\mathrm{i}\omega_n T_0$ ）的非齐次项将在 v_1（x，T_0，T_1）和 φ_1（x，T_0，T_1）中产生长期项。从式（3–51）和式（3–52）可以看出，它们各自都包含有正比于 exp（ $\pm\mathrm{i}\omega_m T_0$ ）和 exp（ $\pm\mathrm{i}\omega_n T_0$ ）的项，所以没必要令每一项的系数为零。而实际上，如果令每一项的系数为零，则结果会得到关于 A_m

和 A_n 的四个不相容的复数方程组。因此，为了消去长期项，也就是说，为了寻求可解性条件，假定 $v_1(x, T_0, T_1)$ 和 $\varphi_1(x, T_0, T_1)$ 有形式为

$$\begin{aligned} v_1 &= P_m(T_1)\phi_m(x)e^{i\omega_m T_0} + P_n(T_1)\phi_n(x)e^{i\omega_n T_0}, \\ \varphi_1 &= Q_m(T_1)\vartheta_m(x)e^{i\omega_m T_0} + Q_n(T_1)\vartheta_n(x)e^{i\omega_n T_0} \end{aligned} \tag{3-53}$$

的特解，其中不存在相应于 exp（$i\omega_m T_0$）和 exp（$i\omega_n T_0$）的长期项。将式（3–53）代入式（3–51）和式（3–52），并将右端的三角函数表达为指数形式，得到

$$\begin{aligned} &\left\{k_1\vartheta_m' Q_m + \left[\left(\kappa\gamma_0^2 - k_1 - 1\right)\phi_m'' + 2i\omega_m\gamma_0\phi_m' - \omega_m^2\phi_m\right]P_m\right\}e^{i\omega_m T_0} \\ &+\left\{k_1\vartheta_n' Q_n + \left[\left(\kappa\gamma_0^2 - k_1 - 1\right)\phi_n'' + 2i\omega_n\gamma_0\phi_n' - \omega_n^2\phi_n\right]P_n\right\}e^{i\omega_n T_0} \\ &= -\left\{2\left(i\omega_m\phi_m + \gamma_0\phi_m'\right)\dot{A}_m + \alpha k_1\left[i\omega_m\left(\vartheta_m' - \phi_m''\right) + \gamma_0\left(\vartheta_m'' - \phi_m'''\right)\right]A_m\right. \\ &\quad \left.-\gamma_1\left[\omega_n\bar{\phi}_n' + i\kappa\gamma_0\bar{\phi}_n'' - 0.5(1-x)\left(\omega_m + \omega_n\right)\bar{\phi}_n''\right]\bar{A}_n e^{i\sigma T_1}\right\}e^{i\omega_m T_0} \\ &\quad -\left\{2\left(i\omega_n\phi_n + \gamma_0\phi_n'\right)\dot{A}_n + \alpha k_1\left[i\omega_n\left(\vartheta_n' - \phi_n''\right) + \gamma_0\left(\vartheta_n'' - \phi_n'''\right)\right]A_n\right. \\ &\quad \left.-\gamma_1\left[\omega_m\bar{\phi}_m' + i\kappa\gamma_0\bar{\phi}_m'' - 0.5(1-x)\left(\omega_m + \omega_n\right)\bar{\phi}_m''\right]\bar{A}_m e^{i\sigma T_1}\right\}e^{i\omega_n T_0} + cc + NST \end{aligned} \tag{3-54}$$

$$\begin{aligned} &\left\{\left[\left(k_2\gamma_0^2 - k_f^2\right)\vartheta_m'' + 2i\omega_m k_2\gamma_0\vartheta_m' + \left(k_1 - \omega_m^2 k_2\right)\vartheta_m\right]Q_m - k_1\phi_m' P_m\right\}e^{i\omega_m T_0} \\ &+\left\{\left[\left(k_2\gamma_0^2 - k_f^2\right)\vartheta_n'' + 2i\omega_n k_2\gamma_0\vartheta_n' + \left(k_1 - \omega_n^2 k_2\right)\vartheta_n\right]Q_n - k_1\phi_n' P_n\right\}e^{i\omega_n T_0} \\ &= -\left\{2k_2\left(i\omega_m\vartheta_m + \gamma_0\vartheta_m'\right)\dot{A}_m + \alpha\left[i\omega_m k_1\left(\vartheta_m - \phi_m'\right) + \gamma_0 k_1\left(\vartheta_m' - \phi_m''\right) - k_f^2\right.\right. \\ &\quad \left.\left.\cdot\left(i\omega_m\vartheta_m'' + \gamma_0\vartheta_m'''\right)\right]A_m - k_2\gamma_1\left[i\gamma_0\bar{\vartheta}_n'' - 0.5\left(\omega_m - \omega_n\right)\bar{\vartheta}_n'\right]\bar{A}_n e^{i\sigma T_1}\right\}e^{i\omega_m T_0} \\ &\quad -\left\{2k_2\left(i\omega_n\vartheta_n + \gamma_0\vartheta_n'\right)\dot{A}_n + \alpha\left[i\omega_n k_1\left(\vartheta_n - \phi_n'\right) + \gamma_0 k_1\left(\vartheta_n' - \phi_n''\right) - k_f^2\left(i\omega_n\vartheta_n''\right.\right.\right. \\ &\quad \left.\left.\left. + \gamma_0\vartheta_n'''\right)\right]A_n - k_2\gamma_1\left[i\gamma_0\bar{\vartheta}_m'' - 0.5\left(\omega_n - \omega_m\right)\bar{\vartheta}_m'\right]\bar{A}_m e^{i\sigma T_1}\right\}e^{i\omega_n T_0} + cc + NST \end{aligned} \tag{3-55}$$

令方程组（3–54）和式（3–55）两边 exp（$i\omega_m T_0$）和 exp（$i\omega_n T_0$）的系数相等，我们得到

$$\begin{aligned} &-\left[\left(\kappa\gamma_0^2 - k_1 - 1\right)\phi_m'' + 2i\omega_m\gamma_0\phi_m' - \omega_m^2\phi_m\right]P_m - k_1\vartheta_m' Q_m \\ &= 2\left(i\omega_m\phi_m + \gamma_0\phi_m'\right)\dot{A}_m + \alpha k_1\left[i\omega_m\left(\vartheta_m' - \phi_m''\right) + \gamma_0\left(\vartheta_m'' - \phi_m'''\right)\right]A_m \\ &\quad -\gamma_1\left[\omega_n\bar{\phi}_n' + i\kappa\gamma_0\bar{\phi}_n'' - 0.5(1-x)\left(\omega_m + \omega_n\right)\bar{\phi}_n''\right]\bar{A}_n e^{i\sigma T_1} \end{aligned} \tag{3-56}$$

$$\begin{aligned} &k_1\phi_m' P_m - \left[\left(k_2\gamma_0^2 - k_f^2\right)\vartheta_m'' + 2i\omega_m k_2\gamma_0\vartheta_m' + \left(k_1 - \omega_m^2 k_2\right)\vartheta_m\right]Q_m \\ &= 2k_2\left(i\omega_m\vartheta_m + \gamma_0\vartheta_m'\right)\dot{A}_m + \alpha\left[i\omega_m k_1\left(\vartheta_m - \phi_m'\right) + \gamma_0 k_1\left(\vartheta_m' - \phi_m''\right)\right. \\ &\quad \left.-k_f^2\left(i\omega_m\vartheta_m'' + \gamma_0\vartheta_m'''\right)\right]A_m - k_2\gamma_1\left[i\gamma_0\bar{\vartheta}_n'' - 0.5\left(\omega_m - \omega_n\right)\bar{\vartheta}_n'\right]\bar{A}_n e^{i\sigma T_1} \end{aligned} \tag{3-57}$$

$$
\begin{aligned}
&-\left[\left(\kappa\gamma_0^2-k_1-1\right)\phi_n''+2\mathrm{i}\,\omega_n\gamma_0\phi_n'-\omega_n^2\phi_n\right]P_n-k_1\vartheta_n'Q_n\\
&=2\left(\mathrm{i}\,\omega_n\phi_n+\gamma_0\phi_n'\right)\dot{A}_n+\alpha k_1\left[\mathrm{i}\,\omega_n\left(\vartheta_n'-\phi_n''\right)+\gamma_0\left(\vartheta_n''-\phi_n'''\right)\right]A_n\\
&\quad-\gamma_1\left[\omega_m\bar{\phi}_m'+\mathrm{i}\,\kappa\gamma_0\bar{\phi}_m''-0.5(1-x)\left(\omega_m+\omega_n\right)\bar{\phi}_m''\right]\bar{A}_m\mathrm{e}^{\mathrm{i}\sigma T_1}
\end{aligned}
\tag{3-58}
$$

$$
\begin{aligned}
&k_1\phi_n'P_n-\left[\left(k_2\gamma_0^2-k_\mathrm{f}^2\right)\vartheta_n''+2\mathrm{i}\,\omega_nk_2\gamma_0\vartheta_n'+\left(k_1-\omega_n^2k_2\right)\vartheta_n\right]Q_n\\
&=2k_2\left(\mathrm{i}\,\omega_n\vartheta_n+\gamma_0\vartheta_n'\right)\dot{A}_n+\alpha\left[\mathrm{i}\,\omega_nk_1\left(\vartheta_n-\phi_n'\right)+\gamma_0k_1\left(\vartheta_n'-\phi_n''\right)\right.\\
&\quad\left.-k_\mathrm{f}^2\left(\mathrm{i}\,\omega_n\vartheta_n''+\gamma_0\vartheta_n'''\right)\right]A_n-k_2\gamma_1\left[\mathrm{i}\,\gamma_0\bar{\vartheta}_m''-0.5\left(\omega_n-\omega_m\right)\bar{\vartheta}_m'\right]\bar{A}_m\mathrm{e}^{\mathrm{i}\sigma T_1}
\end{aligned}
\tag{3-59}
$$

式（3-56）~式（3-59）两边分别乘以 φ_m、ϑ_m、φ_n 和 ϑ_n 的共轭复函数，得到

$$\mu_mP_m+\kappa_mQ_m=\dot{A}_m+\alpha\xi_mA_m+\gamma_1\zeta_{mn}\bar{A}_n\mathrm{e}^{\mathrm{i}\sigma T_1}\tag{3-60}$$

$$\delta_mP_m+\upsilon_mQ_m=\dot{A}_m+\alpha\chi_mA_m+\gamma_1\tau_{mn}\bar{A}_n\mathrm{e}^{\mathrm{i}\sigma T_1}\tag{3-61}$$

$$\mu_nP_n+\kappa_nQ_n=\dot{A}_n+\alpha\xi_nA_n+\gamma_1\zeta_{nm}\bar{A}_m\mathrm{e}^{\mathrm{i}\sigma T_1}\tag{3-62}$$

$$\delta_nP_n+\upsilon_nQ_n=\dot{A}_n+\alpha\chi_nA_n+\gamma_1\tau_{nm}\bar{A}_m\mathrm{e}^{\mathrm{i}\sigma T_1}\tag{3-63}$$

其中

$$\mu_h=-\frac{\left(\kappa\gamma_0^2-k_1-1\right)\int_0^1\phi_h''\bar{\phi}_h\mathrm{d}x+2\mathrm{i}\,\omega_h\gamma_0\int_0^1\phi_h'\bar{\phi}_h\mathrm{d}x-\omega_h^2\int_0^1\phi_h\bar{\phi}_h\mathrm{d}x}{2\left(\mathrm{i}\,\omega_h\int_0^1\phi_h\bar{\phi}_h\mathrm{d}x+\gamma_0\int_0^1\phi_h'\bar{\phi}_h\mathrm{d}x\right)}\tag{3-64}$$

$(h=m,n)$

$$\kappa_h=-\frac{k_1\int_0^1\vartheta_h'\bar{\phi}_h\mathrm{d}x}{2\left(\mathrm{i}\,\omega_h\int_0^1\phi_h\bar{\phi}_h\mathrm{d}x+\gamma_0\int_0^1\phi_h'\bar{\phi}_h\mathrm{d}x\right)}\quad(h=m,n)\tag{3-65}$$

$$\xi_h=\frac{k_1\left[\mathrm{i}\,\omega_h\left(\int_0^1\vartheta_h'\bar{\phi}_h\mathrm{d}x-\int_0^1\phi_h''\bar{\phi}_h\mathrm{d}x\right)+\gamma_0\left(\int_0^1\vartheta_h''\bar{\phi}_h\mathrm{d}x-\int_0^1\phi_h'''\bar{\phi}_h\mathrm{d}x\right)\right]}{2\left(\mathrm{i}\,\omega_h\int_0^1\phi_h\bar{\phi}_h\mathrm{d}x+\gamma_0\int_0^1\phi_h'\bar{\phi}_h\mathrm{d}x\right)}\tag{3-66}$$

$(h=m,n)$

$$\zeta_{kj}=-\frac{\omega_j\int_0^1\bar{\phi}_j'\bar{\phi}_k\mathrm{d}x+\mathrm{i}\,\kappa\gamma_0\int_0^1\bar{\phi}_j''\bar{\phi}_k\mathrm{d}x-0.5\left(\omega_k+\omega_j\right)\int_0^1(1-x)\bar{\phi}_j''\bar{\phi}_k\mathrm{d}x}{2\left(\mathrm{i}\,\omega_k\int_0^1\phi_k\bar{\phi}_k\mathrm{d}x+\gamma_0\int_0^1\phi_k'\bar{\phi}_k\mathrm{d}x\right)}\tag{3-67}$$

$(k=m,n;\ j=n,m)$

$$\delta_h = \frac{k_1\int_0^1 \phi_h' \bar{\vartheta}_h \mathrm{d}x}{2k_2\left(\mathrm{i}\omega_h\int_0^1 \vartheta_h\bar{\vartheta}_h \mathrm{d}x + \gamma_0\int_0^1 \vartheta_h'\bar{\vartheta}_h \mathrm{d}x\right)} \quad (h=m,n) \tag{3-68}$$

$$\upsilon_h = -\frac{\left(k_2\gamma_0^2 - k_{\mathrm{f}}^2\right)\int_0^1 \vartheta_h''\bar{\vartheta}_h \mathrm{d}x + 2\mathrm{i}\,\omega_h k_2\gamma_0\int_0^1 \vartheta_h'\bar{\vartheta}_h \mathrm{d}x + \left(k_1 - \omega_h^2 k_2\right)\int_0^1 \vartheta_h\bar{\vartheta}_h \mathrm{d}x}{2k_2\left(\mathrm{i}\omega_h\int_0^1 \vartheta_h\bar{\vartheta}_h \mathrm{d}x + \gamma_0\int_0^1 \vartheta_h'\bar{\vartheta}_h \mathrm{d}x\right)} \tag{3-69}$$

$(h=m,n)$

$$\begin{aligned}\chi_h = &\left[\mathrm{i}\,\omega_h k_1\left(\int_0^1 \vartheta_h\bar{\vartheta}_h \mathrm{d}x - \int_0^1 \phi_h'\bar{\vartheta}_h \mathrm{d}x\right) + \gamma_0 k_1\left(\int_0^1 \vartheta_h'\bar{\vartheta}_h \mathrm{d}x - \int_0^1 \phi_h''\bar{\vartheta}_h \mathrm{d}x\right)\right.\\ &\left.- k_{\mathrm{f}}^2\left(\mathrm{i}\omega_h\int_0^1 \vartheta_h''\bar{\vartheta}_h \mathrm{d}x + \gamma_0\int_0^1 \vartheta_h'''\bar{\vartheta}_h \mathrm{d}x\right)\right] \Big/ \left[2k_2\left(\mathrm{i}\omega_h\int_0^1 \vartheta_h\bar{\vartheta}_h \mathrm{d}x + \gamma_0\int_0^1 \vartheta_h'\bar{\vartheta}_h \mathrm{d}x\right)\right]\end{aligned} \tag{3-70}$$

$(h=m,n)$

$$\tau_{kj} = -\frac{\mathrm{i}\gamma_0\int_0^1 \bar{\vartheta}_j''\bar{\vartheta}_k \mathrm{d}x - 0.5\left(\omega_k - \omega_j\right)\int_0^1 \bar{\vartheta}_j'\bar{\vartheta}_k \mathrm{d}x}{2\left(\mathrm{i}\omega_k\int_0^1 \vartheta_k\bar{\vartheta}_k \mathrm{d}x + \gamma_0\int_0^1 \vartheta_k'\bar{\vartheta}_k \mathrm{d}x\right)} \quad (k=m,n;\ j=n,m) \tag{3-71}$$

对于给定的参数，数值计算均表明 μ_h 和 υ_h 是正虚数；κ_h 和 δ_h 是负虚数；ξ_h 和 χ_h 是正实数；ζ_{kj} 和 τ_{kj} 是复数。

方程组（3–60）和式（3–61）是由两个关于 P_m 和 Q_m 的非齐次代数方程所构成。它们的齐次部分有非零解，因为其系数矩阵行列式

$$\begin{vmatrix}\mu_m & \kappa_m \\ \delta_m & \upsilon_m\end{vmatrix} = 0 \tag{3-72}$$

那么，它们的可解性条件为

$$\begin{vmatrix}\mu_m & \dot{A}_m + \alpha\xi_m A_m + \gamma_1\zeta_{mn}\bar{A}_n \mathrm{e}^{\mathrm{i}\sigma T_1} \\ \delta_m & \dot{A}_m + \alpha\chi_m A_m + \gamma_1\tau_{mn}\bar{A}_n \mathrm{e}^{\mathrm{i}\sigma T_1}\end{vmatrix} = 0 \tag{3-73}$$

或

$$\begin{vmatrix}\dot{A}_m + \alpha\xi_m A_m + \gamma_1\zeta_{mn}\bar{A}_n \mathrm{e}^{\mathrm{i}\sigma T_1} & \kappa_m \\ \dot{A}_m + \alpha\chi_m A_m + \gamma_1\tau_{mn}\bar{A}_n \mathrm{e}^{\mathrm{i}\sigma T_1} & \upsilon_m\end{vmatrix} = 0 \tag{3-74}$$

在两维情况下，这两个条件得出了相同的结果。但是对于高维空间，这一结论不一定成立。因此，两个条件都导出

$$\dot{A}_m + \alpha\frac{\mu_m\chi_m - \delta_m\xi_m}{\mu_m - \delta_m}A_m + \gamma_1\frac{\mu_m\tau_{mn} - \delta_m\zeta_{mn}}{\mu_m - \delta_m}\bar{A}_n \mathrm{e}^{\mathrm{i}\sigma T_1} = 0 \tag{3-75}$$

类似地，方程组（3–62）和式（3–63）系数矩阵的行列式等于 0，所以当

且仅当下列可解性条件满足时，方程组才有解。

$$\dot{A}_n+\alpha\frac{\mu_n\chi_n-\delta_n\xi_n}{\mu_n-\delta_n}A_n+\gamma_1\frac{\mu_n\tau_{nm}-\delta_n\zeta_{nm}}{\mu_n-\delta_n}\bar{A}_m\mathrm{e}^{\mathrm{i}\sigma T_1}=0 \tag{3-76}$$

很明显，式（3-75）和式（3-76）有零解。为了研究零解的稳定性，首先要把它们变换为自治方程组。引入变换

$$A_m=\left[p_1(T_1)+\mathrm{i}q_1(T_1)\right]\mathrm{e}^{0.5\mathrm{i}\sigma T_1},\ A_n=\left[p_2(T_1)+\mathrm{i}q_2(T_1)\right]\mathrm{e}^{0.5\mathrm{i}\sigma T_1} \tag{3-77}$$

其中 p_h 和 q_h（h=1，2）是 T_1 的实函数。将式（3-77）代入式（3-75）和式（3-76），并分离结果的实部和虚部，导出

$$\begin{aligned}
\dot{p}_1&=-\alpha c_m p_1+0.5\sigma q_1-\mathrm{Re}(d_m)\gamma_1 p_2-\mathrm{Im}(d_m)\gamma_1 q_2\\
\dot{q}_1&=-0.5\sigma p_1-\alpha c_m q_1-\mathrm{Im}(d_m)\gamma_1 p_2+\mathrm{Re}(d_m)\gamma_1 q_2\\
\dot{p}_2&=-\mathrm{Re}(d_n)\gamma_1 p_1-\mathrm{Im}(d_n)\gamma_1 q_1-\alpha c_n p_2+0.5\sigma q_2\\
\dot{q}_2&=-\mathrm{Im}(d_n)\gamma_1 p_1+\gamma_1\mathrm{Re}(d_n)q_1-0.5\sigma p_2-\alpha c_n q_2
\end{aligned} \tag{3-78}$$

其中

$$\begin{aligned}
c_h&=\frac{\mu_h\chi_h-\delta_h\xi_h}{\mu_h-\delta_h}\quad (h=m,n)\\
d_{kj}&=\frac{\mu_k\tau_{kj}-\delta_k\zeta_{kj}}{\mu_k-\delta_k}\quad (k=m,n;j=n,m)
\end{aligned} \tag{3-79}$$

式（3-78）系数矩阵的特征方程为

$$\begin{bmatrix}
-\alpha c_m-\lambda & 0.5\sigma & -\mathrm{Re}(d_m)\gamma_1 & -\mathrm{Im}(d_m)\gamma_1\\
-0.5\sigma & -\alpha c_m-\lambda & -\mathrm{Im}(d_m)\gamma_1 & \mathrm{Re}(d_m)\gamma_1\\
-\mathrm{Re}(d_n)\gamma_1 & -\mathrm{Im}(d_n)\gamma_1 & -\alpha c_n-\lambda & 0.5\sigma\\
-\mathrm{Im}(d_n)\gamma_1 & \gamma_1\mathrm{Re}(d_n) & -0.5\sigma & -\alpha c_n-\lambda
\end{bmatrix}=0 \tag{3-80}$$

直接计算其系数矩阵特征方程的行列式

$$\lambda^4+\beta_1\lambda^3+\beta_2\lambda^2+\beta_3\lambda+\beta_4=0 \tag{3-81}$$

其中

$$\begin{aligned}
\beta_1&=2\alpha(c_m+c_n)\\
\beta_2&=0.5\sigma^2-2\gamma_1^2\mathrm{Re}(d_m\bar{d}_n)+\alpha^2(c_m^2+4c_mc_n+c_n^2)\\
\beta_3&=0.5\alpha\left[\sigma^2+4\alpha^2c_mc_n-4\gamma_1^2\mathrm{Re}(d_m\bar{d}_n)\right](c_m+c_n)\\
\beta_4&=0.0625(\sigma^2+4\alpha^2c_m^2)(\sigma^2+4\alpha^2c_n^2)-0.5\mathrm{Re}(d_m\bar{d}_n)\cdot\\
&\quad(\sigma^2+4\alpha^2c_mc_n)\gamma_1^2+\alpha\sigma(c_m-c_n)\mathrm{Im}(d_m\bar{d}_n)\gamma_1^2+|d_m|^2|d_n|^2\gamma_1^4
\end{aligned} \tag{3-82}$$

代数方程（3–81）的所有根均有负实部的充分和必要条件为所有的 Routh-Hurwitz 行列式均大于零，即

$$\Delta_1=\beta_1>0;\ \Delta_2=\begin{vmatrix}\beta_1 & 1\\ \beta_3 & \beta_2\end{vmatrix}>0,\ \Delta_3=\begin{vmatrix}\beta_1 & 1 & 0\\ \beta_3 & \beta_2 & \beta_1\\ 0 & \beta_4 & \beta_3\end{vmatrix}>0,\ \Delta_4=\beta_4>0 \tag{3-83}$$

其中

$$\begin{aligned}
\Delta_2&=0.5\alpha\left(c_m+c_n\right)\left[\sigma^2+4\alpha^2\left(c_m^2+3c_mc_n+c_n^2\right)-4\operatorname{Re}\left(d_m\bar{d}_n\right)\gamma_1^2\right]\\
\Delta_3&=-4\alpha^2\left(c_m+c_n\right)^2\left\{\operatorname{Im}^2\left(d_m\bar{d}_n\right)\gamma_1^4+\alpha\left[\sigma\left(c_m-c_n\right)\operatorname{Im}\left(d_m\bar{d}_n\right)\right.\right.\\
&\quad\left.\left.+\alpha\left(c_m+c_n\right)^2\operatorname{Re}\left(d_m\bar{d}_n\right)\right]\gamma_1^2-\alpha^2c_mc_n\left[\sigma^2+\alpha^2\left(c_m+c_n\right)^2\right]\right\}\\
\Delta_4&=0.0625\left(\sigma^2+4\alpha^2c_m^2\right)\left(\sigma^2+4\alpha^2c_n^2\right)-0.5\operatorname{Re}\left(d_m\bar{d}_n\right)\cdot\\
&\quad\left(\sigma^2+4\alpha^2c_mc_n\right)\gamma_1^2+\alpha\sigma\left(c_m-c_n\right)\operatorname{Im}\left(d_m\bar{d}_n\right)\gamma_1^2+\left|d_m\right|^2\left|d_n\right|^2\gamma_1^4
\end{aligned} \tag{3-84}$$

故式（3–75）和式（3–76）的零解稳定的条件是

$$\left|\gamma_1\right|<\gamma_{\min}=\min\left\{\gamma^{(2)},\gamma^{(3)},\gamma^{(4)}\right\} \tag{3-85}$$

其中

$$\begin{aligned}
\gamma^{(2)}&=\sqrt{\frac{\sigma^2+4\alpha^2\left(c_m^2+3c_mc_n+c_n^2\right)}{4\operatorname{Re}\left(d_m\bar{d}_n\right)}}\\
\gamma^{(3)}&=\left\{\alpha\left[\!\left[\left[\sigma\left(c_m-c_n\right)\operatorname{Im}\left(d_m\bar{d}_n\right)+\alpha\left(c_m+c_n\right)^2\operatorname{Re}\left(d_m\bar{d}_n\right)\right]^2\right.\right.\right.\\
&\quad\left.\left.+4c_mc_n\left[\sigma^2+\alpha^2\left(c_m+c_n\right)^2\right]\ \operatorname{Im}^2\left(d_m\bar{d}_n\right)\right]\!\right]^{0.5}-\alpha^2\left(c_m+c_n\right)^2\operatorname{Re}\left(d_m\bar{d}_n\right)\\
&\quad\left.-\alpha\sigma\left(c_m-c_n\right)\operatorname{Im}\left(d_m\bar{d}_n\right)\ \right\}^{0.5}\Big/\left[2\operatorname{Im}^2\left(d_m\bar{d}_n\right)\right]^{0.5}\\
\gamma^{(4)}&=\left\{\left(\sigma^2+4\alpha^2c_mc_n\right)\operatorname{Re}\left(d_m\bar{d}_n\right)-2\alpha\sigma\left(c_m-c_n\right)\operatorname{Im}\left(d_m\bar{d}_n\right)\right.\\
&\quad+\left[\operatorname{Re}^2\left(d_m\bar{d}_n\right)\left(\sigma^2+4\alpha^2c_mc_n\right)^2-2\alpha\sigma\left(c_m-c_n\right)\operatorname{Im}\left(d_m\bar{d}_n\right)\right.\\
&\quad\left.\left.-\left(\sigma^2+4\alpha^2c_m^2\right)\left(\sigma^2+4\alpha^2c_n^2\right)\left|d_m\right|^2\left|d_n\right|^2\right]^{0.5}\right\}^{0.5}\Big/\left(2\left|d_m\right|\left|d_n\right|\right)
\end{aligned} \tag{3-86}$$

若给定 $\eta=0.5$、$k_1=71.28$、$k_2=0.0042$、$k_f=0.8$ 和 $\gamma_0=2$，在不同黏弹性系数下，图 3–3 给出了轴向变速运动黏弹性 Timoshenko 梁前两阶模态组合参数共振在 σ–γ_1 平面上的失稳区域。其中点线表示 $\alpha=0.0005$；虚线表示 $\alpha=0.0003$；实线表示 $\alpha=0.0001$。从图中可以看出，给定 σ 时，较大的黏弹性系数导致失

稳的脉动振幅 γ_1 的阈值增大；而给定 γ_1 导致失稳范围减小。

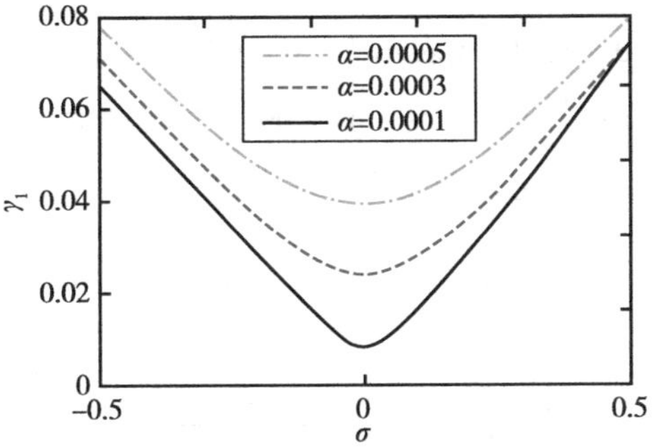

图 3–3 不同黏弹性系数对前两阶模态组合参数共振失稳区域的影响

若给定 $\eta=0.5$、$k_1=71.28$、$k_2=0.0042$、$k_f=0.8$ 和 $\alpha=0.0005$，在不同平均轴向速度下，图 3–4 给出了前两阶模态组合参数共振在 σ–γ_1 平面上的失稳区域。其中点线表示 $\gamma_0=3.0$；虚线表示 $\gamma_0=1.5$；实线表示 $\gamma_0=1.0$。从总体来看，给定 σ 时，较小的平均轴向速度导致失稳的脉动振幅 γ_1 的阈值增大；而给定 γ_1 导致失稳范围减小。而当轴向速度脉动幅值的变化范围较小时，趋势正好相反。

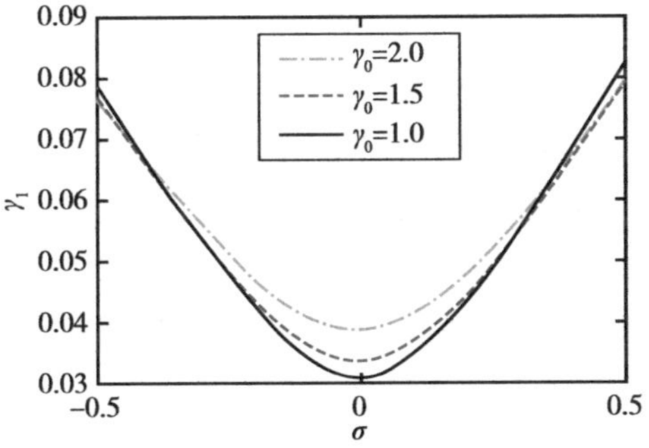

图 3–4 不同平均轴向速度对前两阶模态组合参数共振失稳区域的影响

若给定 $\eta=0.5$、$\gamma_0=2.0$、$k_2=0.0042$、$k_f=0.8$ 和 $\alpha=0.0005$，在不同剪切变形系数下，图 3–5 给出了前两阶模态组合参数共振在 σ–γ_1 平面上的失稳区域。其中点线表示 $k_1=108$；虚线表示 $k_1=71.28$；实线表示 $k_1=40$。从总体来看，给定 σ 时，较小的剪切变形系数导致失稳的脉动振幅 γ_1 的阈值增大；而给定 γ_1 导致失稳范围减小。而当轴向速度脉动幅值的变化范围较小时，趋势正好相反。

若给定 $\eta=0.5$、$\gamma_0=2.0$、$k_1=71.28$ 和 $\alpha=0.0005$，在不同转动惯量系数下，图 3-6 给出了前两阶模态组合参数共振在 σ–γ_1 平面上的失稳区域。其中点线表示 $k_2=0.0042$（$k_f=0.8$）；虚线表示 $k_2=0.0032$（$k_f=0.7$）；实线表示 $k_2=0.0024$（$k_f=0.6$）。从图中可以看出，给定 σ 时，较大的转动惯量系数导致失稳的脉动振幅 γ_1 的阈值增大；而给定 γ_1 导致失稳范围减小。

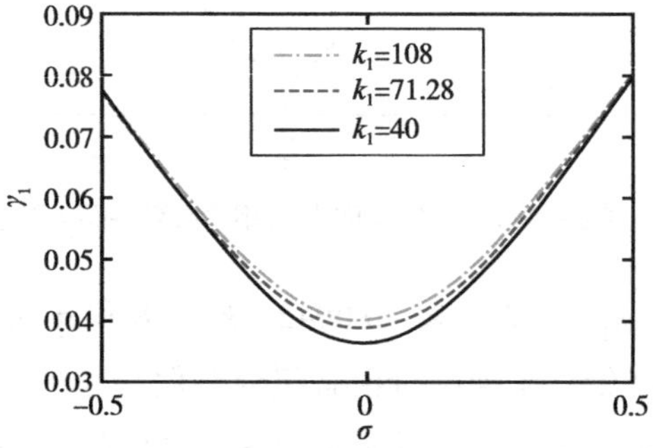

图 3-5　不同剪切变形系数对前两阶模态组合参数共振失稳区域的影响

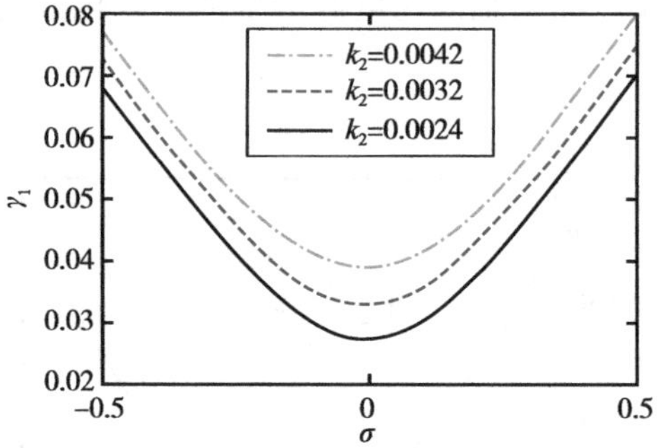

图 3-6　不同转动惯量系数对前两阶模态组合参数共振失稳区域的影响

若给定 $\eta=0.5$、$\gamma_0=2.0$、$k_1=71.28$、$k_2=0.0042$ 和 $\alpha=0.0005$，在不同刚度下，图 3-7 给出了前两阶模态组合参数共振在 σ–γ_1 平面上的失稳区域。其中点线表示 $k_f=0.8$；虚线表示 $k_f=0.7$；实线表示 $k_f=0.6$。从图中可以看出，给定 σ 时，较大的刚度导致失稳的脉动振幅 γ_1 的阈值增大；而给定 γ_1 导致失稳范围减小。

若给定 $k_f=0.8$、$\gamma_0=2.0$、$k_1=71.28$、$k_2=0.0042$ 和 $\alpha=0.0005$，在不同支撑参数下，图 3-8 给出了前两阶模态组合参数共振在 σ–γ_1 平面上的失稳区域。其中

点线表示 $\eta=1.0$；虚线表示 $\eta=0.5$；实线表示 $\eta=0.0$。从图中可以看出，给定 σ 时，较大的支撑参数导致失稳的脉动振幅 γ_1 的阈值增大；而给定 γ_1 导致失稳范围减小。

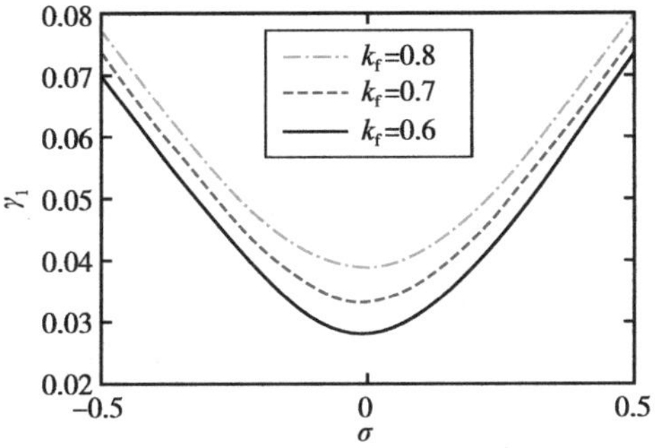

图 3-7　不同刚度对前两阶模态组合参数共振失稳区域的影响

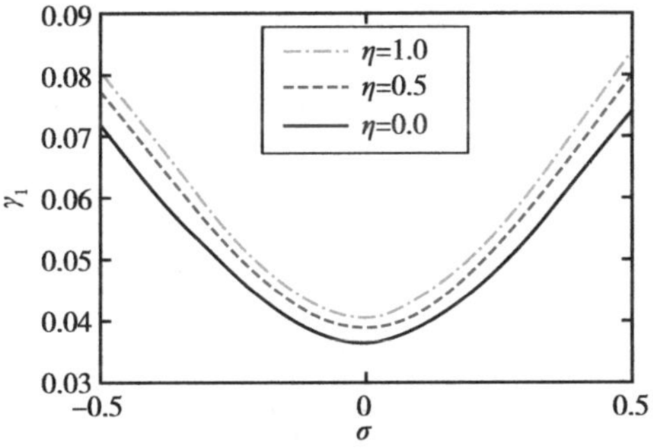

图 3-8　不同支撑参数对前两阶模态组合参数共振失稳区域的影响

第四节　次谐波参数共振

当速度的脉动频率 ω 接近线性派生系统某阶固有频率的两倍时也会发生共振现象。同样，我们引入解谐参数 σ，表示脉动频率 ω 在 $2\omega_m$ 附近变化

$$\omega = 2\omega_m + \varepsilon\sigma \tag{3-87}$$

其中 ω_m 表示线性派生系统的第 m 阶固有频率。式（3-29）和式（3-30）的解可以写为

$$
\begin{aligned}
v_0\left(x,T_0,T_1\right)&=A_m\left(T_1\right)\phi_m\left(x\right)\mathrm{e}^{\mathrm{i}\omega_m T_0}+cc,\\
\varphi_0\left(x,T_0,T_1\right)&=A_m\left(T_1\right)\vartheta_m\left(x\right)\mathrm{e}^{\mathrm{i}\omega_m T_0}+cc
\end{aligned}
\tag{3-88}
$$

将式（3–87）和式（3–88）代入式（3–29）和式（3–30），并将右端的三角函数表达为指数形式，得到

$$
\begin{aligned}
&v_{1,T_0T_0}+2\gamma_0 v_{1,xT_0}+\left(\kappa\gamma_0^2-1\right)v_{1,xx}+k_1\left(\varphi_{1,x}-v_{1,xx}\right)\\
&=-\left\{2\left(\mathrm{i}\omega_m\phi_m+\gamma_0\phi_m'\right)\dot{A}_m+\alpha k_1\left[\mathrm{i}\omega_m\left(\vartheta_m'-\phi_m''\right)+\gamma_0\left(\vartheta_m''-\phi_m'''\right)\right]A_m\right.\\
&\quad\left.-\gamma_1\left[\omega_m\bar{\phi}_m'+\mathrm{i}\kappa\gamma_0\bar{\phi}_m''-\left(1-x\right)\omega_m\bar{\phi}_m''\right]\bar{A}_m\mathrm{e}^{\mathrm{i}\sigma T_1}\right\}\mathrm{e}^{\mathrm{i}\omega_m T_0}+cc+NST
\end{aligned}
\tag{3-89}
$$

$$
\begin{aligned}
&k_2\left(\varphi_{1,T_0T_0}+2\gamma_0\varphi_{1,xT_0}+\gamma_0^2\varphi_{1,xx}\right)-k_{\mathrm{f}}^2\varphi_{1,xx}+k_1\left(\varphi_1-v_{1,x}\right)\\
&=-\left\{2k_2\left(\mathrm{i}\omega_m\vartheta_m+\gamma_0\vartheta_m'\right)\dot{A}_m+\alpha\left[\mathrm{i}\omega_m k_1\left(\vartheta_m-\phi_m'\right)+\gamma_0 k_1\left(\vartheta_m'-\phi_m''\right)\right.\right.\\
&\quad\left.\left.-k_{\mathrm{f}}^2\left(\mathrm{i}\omega_m\vartheta_m''+\gamma_0\vartheta_m'''\right)\right]A_m-\mathrm{i}k_2\gamma_0\gamma_1\bar{\vartheta}_m''\bar{A}_m\mathrm{e}^{\mathrm{i}\sigma T_1}\right\}\mathrm{e}^{\mathrm{i}\omega_m T_0}+cc+NST
\end{aligned}
\tag{3-90}
$$

假定特解

$$
v_1=P_m\left(T_1\right)\phi_m\left(x\right)\mathrm{e}^{\mathrm{i}\omega_m T_0},\quad \varphi_1=Q_m\left(T_1\right)\vartheta_m\left(x\right)\mathrm{e}^{\mathrm{i}\omega_m T_0}
\tag{3-91}
$$

将式（3–91）代入式（3–89）和式（3–90），并将右端的三角函数表达为指数形式，得到

$$
\begin{aligned}
&\left\{k_1\vartheta_m' Q_m+\left[\left(\kappa\gamma_0^2-k_1-1\right)\phi_m''+2\mathrm{i}\omega_m\gamma_0\phi_m'-\omega_m^2\phi_m\right]P_m\right\}\mathrm{e}^{\mathrm{i}\omega_m T_0}\\
&=-\left\{2\left(\mathrm{i}\omega_m\phi_m+\gamma_0\phi_m'\right)\dot{A}_m+\alpha k_1\left[\mathrm{i}\omega_m\left(\vartheta_m'-\phi_m''\right)+\gamma_0\left(\vartheta_m''-\phi_m'''\right)\right]A_m\right.\\
&\quad\left.-\gamma_1\left[\omega_m\bar{\phi}_m'+\mathrm{i}\kappa\gamma_0\bar{\phi}_m''-\left(1-x\right)\omega_m\bar{\phi}_m''\right]\bar{A}_m\mathrm{e}^{\mathrm{i}\sigma T_1}\right\}\mathrm{e}^{\mathrm{i}\omega_m T_0}+cc+NST
\end{aligned}
\tag{3-92}
$$

$$
\begin{aligned}
&\left\{\left[\left(k_2\gamma_0^2-k_{\mathrm{f}}^2\right)\vartheta_m''+2\mathrm{i}\omega_m k_2\gamma_0\vartheta_m'+\left(k_1-\omega_m^2k_2\right)\vartheta_m\right]Q_m-k_1\phi_m' P_m\right\}\mathrm{e}^{\mathrm{i}\omega_m T_0}\\
&=-\left\{2k_2\left(\mathrm{i}\omega_m\vartheta_m+\gamma_0\vartheta_m'\right)\dot{A}_m+\alpha\left[\mathrm{i}\omega_m k_1\left(\vartheta_m-\phi_m'\right)+\gamma_0 k_1\left(\vartheta_m'-\phi_m''\right)\right.\right.\\
&\quad\left.\left.-k_{\mathrm{f}}^2\left(\mathrm{i}\omega_m\vartheta_m''+\gamma_0\vartheta_m'''\right)\right]A_m-\mathrm{i}k_2\gamma_0\gamma_1\bar{\vartheta}_m''\bar{A}_m e^{\mathrm{i}\sigma T_1}\right\}\mathrm{e}^{\mathrm{i}\omega_m T_0}+cc+NST
\end{aligned}
\tag{3-93}
$$

令方程组（3–92）和式（3–93）两边 exp（$\mathrm{i}\omega_m T_0$）的系数相等，我们得到

$$
\begin{aligned}
&-\left[\left(\kappa\gamma_0^2-k_1-1\right)\phi_m''+2\mathrm{i}\omega_m\gamma_0\phi_m'-\omega_m^2\phi_m\right]P_m-k_1\vartheta_m' Q_m\\
&=2\left(\mathrm{i}\omega_m\phi_m+\gamma_0\phi_m'\right)\dot{A}_m+\alpha k_1\left[\mathrm{i}\omega_m\left(\vartheta_m'-\phi_m''\right)+\gamma_0\left(\vartheta_m''-\phi_m'''\right)\right]A_m\\
&\quad-\gamma_1\left[\omega_m\bar{\phi}_m'+\mathrm{i}\kappa\gamma_0\bar{\phi}_m''-\left(1-x\right)\omega_m\bar{\phi}_m''\right]\bar{A}_m\mathrm{e}^{\mathrm{i}\sigma T_1}
\end{aligned}
\tag{3-94}
$$

$$
\begin{aligned}
&k_1\phi_m' P_m-\left[\left(k_2\gamma_0^2-k_{\mathrm{f}}^2\right)\vartheta_m''+2\mathrm{i}\omega_m k_2\gamma_0\vartheta_m'+\left(k_1-\omega_m^2k_2\right)\vartheta_m\right]Q_m\\
&=2k_2\left(\mathrm{i}\omega_m\vartheta_m+\gamma_0\vartheta_m'\right)\dot{A}_m+\alpha\left[\mathrm{i}\omega_m k_1\left(\vartheta_m-\phi_m'\right)+\gamma_0 k_1\left(\vartheta_m'-\phi_m''\right)\right.\\
&\quad\left.-k_{\mathrm{f}}^2\left(\mathrm{i}\omega_m\vartheta_m''+\gamma_0\vartheta_m'''\right)\right]A_m-\mathrm{i}k_2\gamma_0\gamma_1\bar{\vartheta}_m''\bar{A}_m\mathrm{e}^{\mathrm{i}\sigma T_1}
\end{aligned}
\tag{3-95}
$$

式（3–94）和式（3–95）两边分别乘以 φ_m 和 ϑ_m 的共轭复函数，得到

$$\mu_m P_m + \kappa_m Q_m = \dot{A}_m + \alpha\xi_m A_m + \gamma_1\zeta_m \bar{A}_m \mathrm{e}^{\mathrm{i}\sigma T_1} \tag{3–96}$$

$$\delta_m P_m + \upsilon_m Q_m = \dot{A}_m + \alpha\chi_m A_m + \gamma_1\tau_m \bar{A}_m \mathrm{e}^{\mathrm{i}\sigma T_1} \tag{3–97}$$

类似地，方程组（3–96）和式（3–97）系数矩阵的行列式等于零，所以当且仅当下列可解性条件满足时，方程组才有解。

$$\dot{A}_m + \alpha c_m A_m + \gamma_1 d_m \bar{A}_m \mathrm{e}^{\mathrm{i}\sigma T_1} = 0 \tag{3–98}$$

其中 μ_m、υ_m、κ_m、δ_m、ξ_m 和 χ_m 与组合参数共振中的参数一样，另外

$$\begin{aligned}
&c_m = \frac{\mu_m\chi_m - \delta_m\xi_m}{\mu_m - \delta_m},\quad d_m = \frac{\mu_m\tau_m - \delta_m\zeta_m}{\mu_m - \delta_m},\\
&\zeta_m = -\frac{\omega_m\int_0^1 \bar{\phi}'_m\bar{\phi}_m\mathrm{d}x + \mathrm{i}\kappa\gamma_0\int_0^1 \bar{\phi}''_m\bar{\phi}_m\mathrm{d}x - \omega_m\int_0^1 (1-x)\bar{\phi}''_m\bar{\phi}_m\mathrm{d}x}{2\left(\mathrm{i}\omega_m\int_0^1 \phi_m\bar{\phi}_m\mathrm{d}x + \gamma_0\int_0^1 \phi'_m\bar{\phi}_m\mathrm{d}x\right)},\\
&\tau_m = -\frac{\mathrm{i}\gamma_0\int_0^1 \bar{\vartheta}''_m\bar{\vartheta}_m\mathrm{d}x}{2\left(\mathrm{i}\omega_m\int_0^1 \vartheta_m\bar{\vartheta}_m\mathrm{d}x + \gamma_0\int_0^1 \vartheta'_m\bar{\vartheta}_m\mathrm{d}x\right)}.
\end{aligned} \tag{3–99}$$

引入变换

$$A_m = \left[p(T_1) + \mathrm{i}\,q(T_1)\right]\mathrm{e}^{0.5\mathrm{i}\sigma T_1} \tag{3–100}$$

其中 p 和 q 是 T_1 的实函数。将式（3–100）代入式（3–98），并分离结果的实部和虚部，导出

$$\begin{aligned}
\dot{p} &= -\left[\alpha c_m + \gamma_1\mathrm{Re}(d_m)\right]p + \left[0.5\sigma - \gamma_1\mathrm{Im}(d_m)\right]q\\
\dot{q} &= -\left[0.5\sigma + \gamma_1\mathrm{Im}(d_m)\right]p - \left[\alpha c_m - \gamma_1\mathrm{Re}(d_m)\right]q
\end{aligned} \tag{3–101}$$

直接计算其系数矩阵特征方程的行列式

$$\lambda^2 + 2\alpha c_m\lambda + 0.25\sigma^2 + \alpha^2 c_m^2 - \gamma_1^2\left|d_m\right|^2 = 0 \tag{3–102}$$

根据 Routh-Hurwitz 判据，式（3–98）的零解稳定的条件是

$$\gamma_1 < \sqrt{\frac{0.25\sigma^2 + \alpha^2 c_m^2}{\left|d_m\right|^2}} \tag{3–103}$$

若给定 η=0.5、k_1=71.28、k_2=0.0042、k_f=0.8 和 γ_0=2，在不同黏弹性系数

下，图 3–9 给出了轴向变速运动黏弹性 Timoshenko 梁前两阶次谐波参数共振在 σ–γ_1 平面上的失稳区域。其中点线表示 α=0.0005；虚线表示 α=0.0003；实线表示 α=0.0001。从图中可以看出，给定 σ 时，较大的黏弹性系数导致失稳的脉动振幅 γ_1 的阈值增大；而给定 γ_1 导致失稳范围减小。在组合和次谐波参数共振中，黏弹性系数对失稳区域的影响趋势相同。从前两阶次谐波参数共振的失稳区域可以看出，较高阶的次谐波参数共振对黏弹性系数有更强的敏感性。

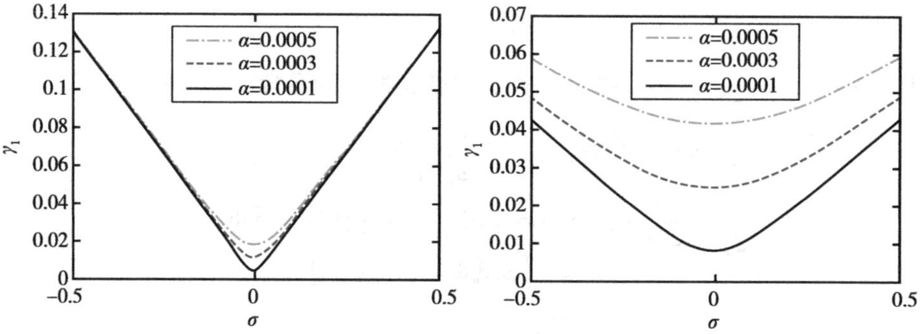

（a）第一阶次谐波参数共振　（b）第二阶次谐波参数共振

图 3–9　不同黏弹性系数对前两阶次谐波参数共振失稳区域的影响

若给定 η=0.5、k_1=71.28、k_2=0.0042、k_f=0.8 和 α=0.0005，在不同平均轴向速度下，图 3–10 给出了前两阶次谐波参数共振在 σ–γ_1 平面上的失稳区域。其中点线表示 γ_0=2.0；虚线表示 γ_0=1.5；实线表示 γ_0=1.0。给定 σ 时，较小的平均轴向速度导致失稳的脉动振幅 γ_1 的阈值减小；而给定 γ_1 导致失稳范围增大。在组合和次谐波参数共振中，平均轴向速度对失稳区域的影响趋势相反。

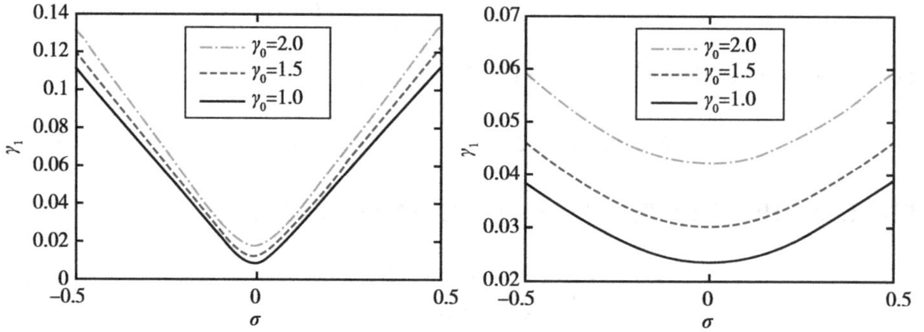

（a）第一阶次谐波参数共振　（b）第二阶次谐波参数共振

图 3–10　不同平均轴向速度对前两阶次谐波参数共振失稳区域的影响

若给定 η=0.5、γ_0=2.0、k_2=0.0042、k_f=0.8 和 α=0.0005，在不同剪切变形系数下，图 3-11 给出了两阶次谐波参数共振在 σ-γ_1 平面上的失稳区域。其中点线表示 k_1=108；虚线表示 k_1=71.28；实线表示 k_1=40。给定 σ 时，较小的剪切变形系数导致失稳的脉动振幅 γ_1 的阈值增大；而给定 γ_1 导致失稳范围减小。在组合和次谐波参数共振中，剪切变形系数对失稳区域的影响趋势相同。

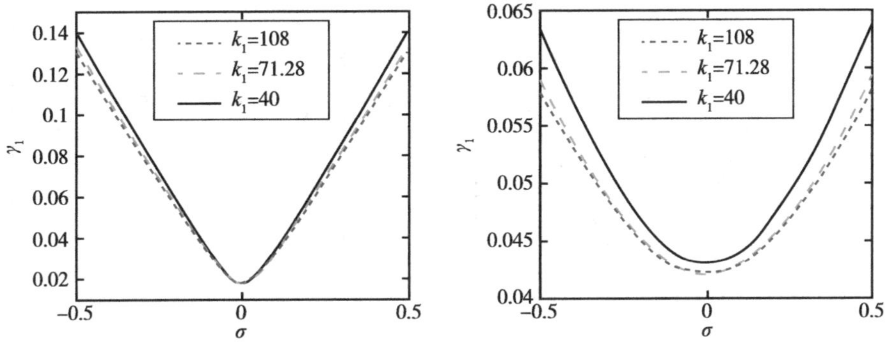

（a）第一阶次谐波参数共振　（b）第二阶次谐波参数共振

图 3-11　剪切变形系数对前两阶次谐波参数共振失稳区域的影响

若给定 η=0.5、γ_0=2.0、k_1=71.28 和 α=0.0005，在不同转动惯量系数下，图 3-12 给出了两阶次谐波参数共振在 σ-γ_1 平面上的失稳区域。其中点线表示 k_2=0.0042（k_f=0.8）；虚线表示 k_2=0.0032（k_f=0.7）；实线表示 k_2=0.0024（k_f=0.6）。从图中可以看出，给定 σ 时，较大的转动惯量系数导致失稳的脉动振幅 γ_1 的阈值减小；而给定 γ_1 导致失稳范围增大。在组合和次谐波参数共振中，转动惯量系数对失稳区域的影响趋势相反。

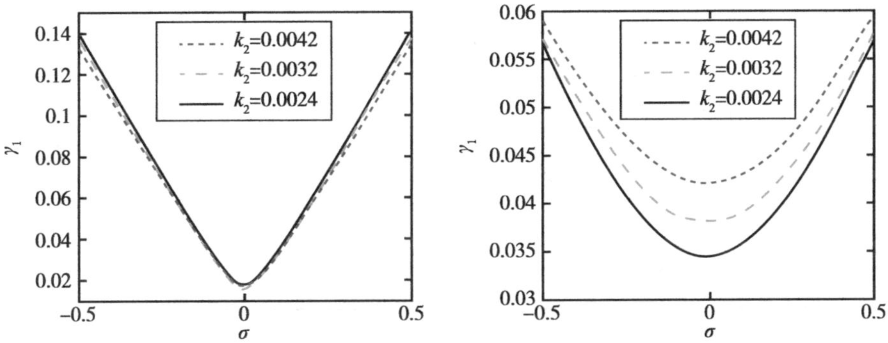

（a）第一阶次谐波参数共振　（b）第二阶次谐波参数共振

图 3-12　转动惯量系数对前两阶次谐波参数共振失稳区域的影响

若给定 $\eta=0.5$、$\gamma_0=2.0$、$k_1=71.28$、$k_2=0.0042$ 和 $\alpha=0.0005$，在不同刚度下，图 3-13 给出了两阶次谐波参数共振在 σ-γ_1 平面上的失稳区域。其中点线表示 $k_f=0.8$；虚线表示 $k_f=0.7$；实线表示 $k_f=0.6$。给定 σ 时，较大的刚度导致稳定范围减小；而给定 γ_1 导致失稳范围增大。在组合和次谐波参数共振中，刚度对失稳区域的影响趋势相反。

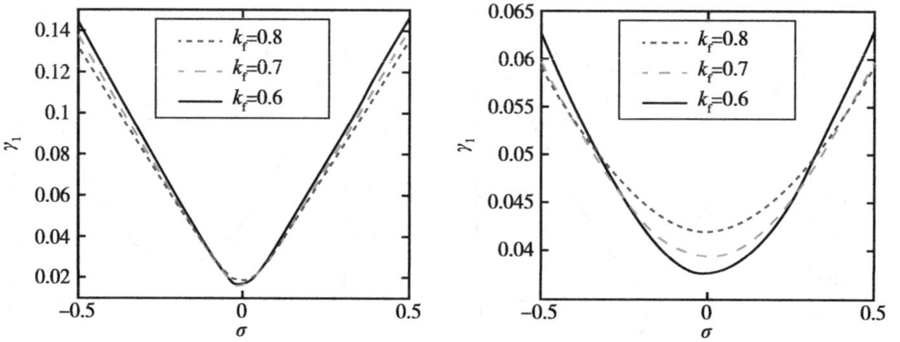

（a）第一阶次谐波参数共振　　（b）第二阶次谐波参数共振

图 3-13　刚度对前两阶次谐波参数共振失稳区域的影响

若给定 $k_f=0.8$、$\gamma_0=2.0$、$k_1=71.28$、$k_2=0.0042$ 和 $\alpha=0.0005$，在不同支撑参数下，图 3-14 给出了两阶次谐波参数共振在 σ-γ_1 平面上的失稳区域。其中点线表示 $\eta=1.0$；虚线表示 $\eta=0.5$；实线表示 $\eta=0.0$。从图中可以看出，对于第一阶次谐波参数共振，给定 σ 时，较大的支撑参数导致失稳的脉动振幅 γ_1 的阈值增大；而给定 γ_1 导致失稳范围减小。在组合和第一阶次谐波参数共振中，支撑参数对失稳区域的影响趋势相同，但是第二阶次谐波参数共振正好和它们相反。

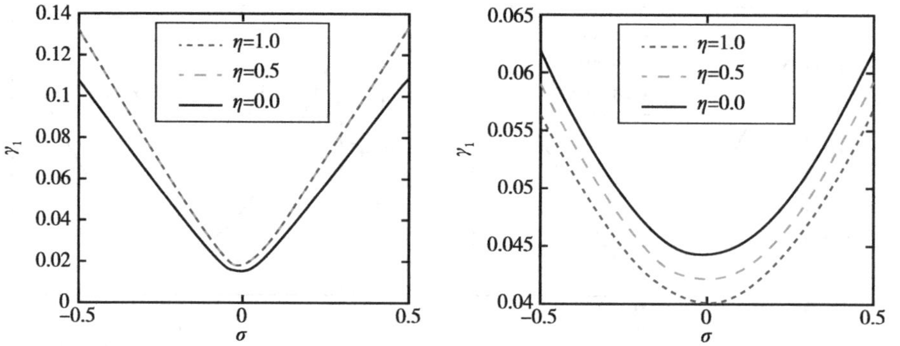

（a）第一阶次谐波参数共振　　（b）第二阶次谐波参数共振

图 3-14　支撑参数对前两阶次谐波参数共振失稳区域的影响

第五节　数值验证

接下来这一节将运用微分求积法对前面得到的线性派生系统的解析结果进行数值验证。其中，$\varepsilon=1$。

Timoshenko 梁的计算区域为 $0\leqslant x\leqslant 1$。x 方向的网点数为 N。网点的分布采用非均匀网点布置。网点的分布形式和权系数同前节。将它们代入线性派生系统（3–29）和式（3–30）与其边界条件式（3–31），导出

$$\ddot{v}_{0i}+2\gamma_0\sum_{k=1}^{N}A_{ik}^{(1)}\dot{v}_{0k}+\left(\kappa\gamma_0^2-k_1-1\right)\sum_{k=1}^{N}A_{ik}^{(2)}v_{0k}+k_1\sum_{k=1}^{N}A_{ik}^{(1)}\varphi_{0k}=0 \quad (i=2,3,\cdots,N-1) \tag{3–104}$$

$$k_2\left(\ddot{\varphi}_{0i}+2\gamma_0\sum_{k=1}^{N}A_{ik}^{(1)}\dot{\varphi}_{0k}\right)+\left(k_2\gamma_0^2-k_f^2\right)\sum_{k=1}^{N}A_{ik}^{(2)}\varphi_{0k}+k_1\left(\varphi_{0i}-\sum_{k=1}^{N}A_{ik}^{(1)}v_{0k}\right)=0 \quad (i=2,3,\cdots,N-1) \tag{3–105}$$

$$v_{0i}=0,\ \left(k_f^2-k_2\gamma_0^2\right)\sum_{k=1}^{N}A_{ik}^{(1)}\varphi_{0k}-k_2\gamma_0\dot{\varphi}_{0i}=0 \quad (i=1,N) \tag{3–106}$$

式（3–104）和式（3–105）的解可以写为

$$v_0\left(x,T_0,T_1\right)=A_n\left(T_1\right)\phi\left(x\right)e^{\lambda T_0},\ \varphi_0\left(x,T_0,T_1\right)=A_n\left(T_1\right)\vartheta\left(x\right)\mathrm{e}^{\lambda T_0} \tag{3–107}$$

将式（3–107）代入式（3–104）、式（3–105）和式（3–106），应用修正权系数法修正后的微分求积近似离散为

$$\lambda^2\phi_i+2\lambda\gamma_0\sum_{k=2}^{N-1}A_{ik}^{(1)}\phi_k+\left(\kappa\gamma_0^2-k_1-1\right)\sum_{k=2}^{N-1}A_{ik}^{(2)}\phi_k+k_1\sum_{k=1}^{N}A_{ik}^{(1)}\vartheta_k=0 \quad (i=2,3,\cdots,N-1) \tag{3–108}$$

$$k_2\left(\lambda^2\vartheta_i+2\lambda\gamma_0\sum_{k=1}^{N}A_{ik}^{(1)}\vartheta_k\right)+\left(k_2\gamma_0^2-k_f^2\right)\sum_{k=1}^{N}A_{ik}^{(2)}\vartheta_k+k_1\left(\vartheta_i-\sum_{k=2}^{N-1}A_{ik}^{(1)}\phi_k\right)=0 \quad (i=2,3,\cdots,N-1) \tag{3–109}$$

$$\lambda k_2\gamma_0\vartheta_i-\left(k_f^2-k_2\gamma_0^2\right)\sum_{k=1}^{N}A_{ik}^{(1)}\vartheta_k=0 \quad (i=1,N) \tag{3–110}$$

式（3–108）、（3–109）和（3–110）可以写为矩阵形式

$$\left(\lambda^2 \boldsymbol{M} + \lambda \boldsymbol{G} + \boldsymbol{K}\right)\boldsymbol{s} = 0 \qquad (3\text{–}111)$$

其中 $\boldsymbol{M}$、$\boldsymbol{G}$ 和 $\boldsymbol{K}$ 分别为质量矩阵、陀螺矩阵和刚度矩阵。它们的维数均为 $2N \times 2N$。$\boldsymbol{s}$ 表征广义位移矩阵，其维数为 $2N \times 1$。

选取网点数 $N=15$。图 3–15 中，当 $k_f=0.8$ 和 $\eta=0.5$ 时不同方法下线性派生系统前两阶固有频率的比较。实线代表直接多尺度方法近似解析结果；黑点线代表微分求积法数值结果。第一阶固有频率的最大相对误差为 1.0980×10^{-8}；第二阶固有频率的最大相对误差为 1.6920×10^{-5}。由此可见，两种方法所得结果吻合得非常好。

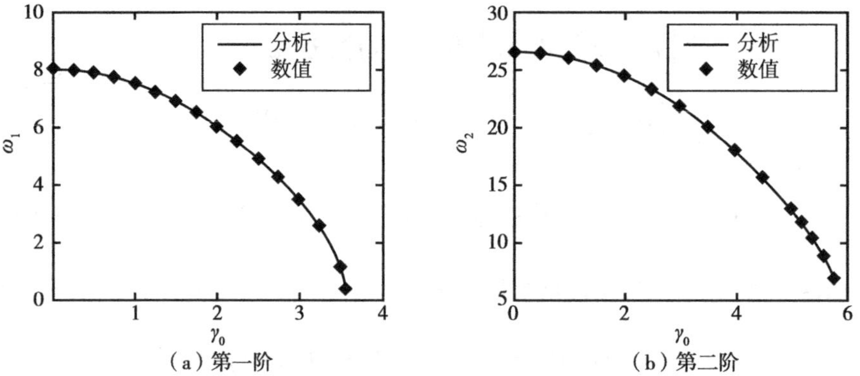

图 3–15 不同方法下前两阶固有频率的比较结果

第六节 小结

在本章中，我们重新考察了轴向变速运动黏弹性 Timoshenko 梁的动态稳定性，引入了径向变化的轴力，也考虑了有限支撑刚度对轴力的影响。根据 Kelvin 黏弹性本构关系，应用广义哈密尔顿原理建立了 Timoshenko 梁的耦合平面运动方程和相关的边界条件。经过线性化，耦合方程简化为横向振动的偏微分方程。采用多尺度法得到了 Timoshenko 梁组合和次谐波参数共振的稳定性边界。通过一些数值例子，描述了各种参数对稳定性边界的影响。最后，应用微分求积法验证了近似解析方法的结果。

研究得出以下几个结论：

（1）当速度的脉动频率接近线性派生系统某两阶固有频率之和或某阶固有频率的两倍时，对于足够大的速度的脉动幅值，轴向变速运动黏弹性 Timoshenko 梁会发生组合和次谐波参数共振并在零平衡位置失去稳定性。

（2）径向变化轴力的引入对失稳区域的影响很显著。比较组合和次谐波参数共振的失稳区域，径向变化轴力的引入对高阶参数共振零解失稳区域的影响更加敏感。给定速度的脉动频率时，径向变化轴力的引入导致稳定范围减小；而给定速度的脉动幅值导致失稳范围增大。因此，在传统的研究中，由于忽略了径向轴力变化而导致对失稳区域的预测不够安全。

（3）支撑刚度参数对失稳区域的影响不敏感，尤其是引入径向变化轴力的时候。对于第一阶次谐波参数共振，给定速度的脉动频率时，较大的支撑参数导致失稳的脉动振幅的阈值增大；而给定速度的脉动幅值时导致失稳范围减小。在组合和第一阶次谐波参数共振中，支撑参数对失稳区域的影响趋势相同。但是第二阶次谐波参数共振正好和它们相反。

（4）固有频率随着轴向平均速度的增加而连续减小。当给定支撑刚度参数和刚度时，频率随着轴向平均速度的增加而减小。当给定轴向平均速度时，较大的支撑刚度参数和刚度对应较大的频率。因此，支撑刚度参数的引入，使线性派生系统的临界速度有了显著的增加。即使轴向平均速度很大，系统也能在次临界范围内运行。

（5）在组合参数共振中，Timoshenko 梁的失稳区域图形关于解谐参数不再中心对称，而存在一个小的倾斜。在次谐波参数共振中，Timoshenko 梁的失稳区域图形关于解谐参数中心对称。

（6）在组合参数共振中，黏弹性系数的减小，导致给定速度的脉动频率时稳定范围减小，而给定速度的脉动幅值时失稳范围增大。平均速度的增大和刚度的减小，导致给定速度的脉动频率时稳定范围减小，而给定速度的脉动幅值时失稳范围增大。当轴向速度脉动幅值的变化范围较小时，趋势正好相反。在次谐波参数共振中，黏弹性系数的减小、平均速度的减小和刚度的增大，导致给定速度的脉动频率时稳定范围减小，而给定速度的脉动幅值时失稳范围增大。

（7）考虑了剪切变形系数和转动惯量系数对失稳区域的影响。在组合参数共振中，剪切变形系数的减小导致给定速度的脉动频率时稳定范围减小，而给定速度的脉动幅值时失稳范围增大。当轴向速度脉动幅值的变化范围较小时，趋势正好相反。给定速度的脉动频率时，较大的转动惯量系数导致失稳的脉动振幅的阈值增大；而给定速度脉动幅值导致失稳范围减小。在次谐波参数共振中，给定速度的脉动频率时，较小的剪切变形系数导致失稳的脉动振幅的阈值增大，而给定速度脉动幅值导致失稳范围减小。在组合和次谐波参数共振中，剪切变形系数对失稳区域的影响趋势相同。给定速度的脉动频率时，较大的转动惯量系数导致失稳的脉动振幅的阈值减小，而给定速度脉动幅值导致失稳范围增大。在组合和次谐波参数共振中，转动惯量系数对失稳区域的影响趋势相反。

（8）将直接多尺度方法和微分求积法分别求得的失稳区域进行比较，发现得到固有频率和稳定性边界不仅在定性上具有相同的趋势，在定量上也吻合得很好。

第四章

变张力作用下面内平动黏性阻尼板的自由振动

本章将研究变张力作用下面内平动黏性阻尼板的自由振动问题。首先，导出面内平动黏性阻尼板的横向振动偏微分方程和相应的边界条件和初始条件。提出偏导模型和全导模型两种概念。研究带有黏性阻尼的面内平动板的固有频率、模态函数和临界速度。将控制方程和边界条件线性化，给出对应于两种阻尼模型的四边简支板的控制方程。通过复模态法计算复频率和相应的模态函数，给出一些数值实例，在确定其他参数不变的基础上，分别考虑黏性阻尼系数、轴向速度、长宽比、刚度比和支承刚度对固有频率和临界速度的影响。最后，采用微分求积法进行数值验证。值得一提的是，目前还没有系统的方法来分析出哪个模型更接近工程实际情况。本文给出这两种黏性阻尼模型在理论上的差别，以便在以后的实验中给予参照。

第一节　建模

设面内黏弹性阻尼板的长度为 a，宽度为 b，厚度为 h，密度为 ρ，泊松比为 μ，弹性模量为 E，惯性矩为 I，沿 x 轴平动速度为 Γ。将薄板无限细化，取其中某一细化单元 dx 作为研究对象。在横向方向有单位面积的阻尼力为 $c\left(w,_t+\Gamma w,_x\right)$。其物理模型如图 4–1 所示。

由薄板 x 面沿 y 轴单位宽度上未考虑变形时的张力 N_{x1} 引起的势能 U 为

$$\begin{aligned}U&=\int_0^a\int_0^b N_{x1}\delta\left(\varepsilon_x\mathrm{d}x\right)\mathrm{d}y=\int_0^a\int_0^b N_{x1}\delta\varepsilon_x\mathrm{d}y\mathrm{d}x\\&=\int_0^a\int_0^b\frac{1}{2}N_{x1}w,_x^2\,\mathrm{d}y\mathrm{d}x\end{aligned}\tag{4-1}$$

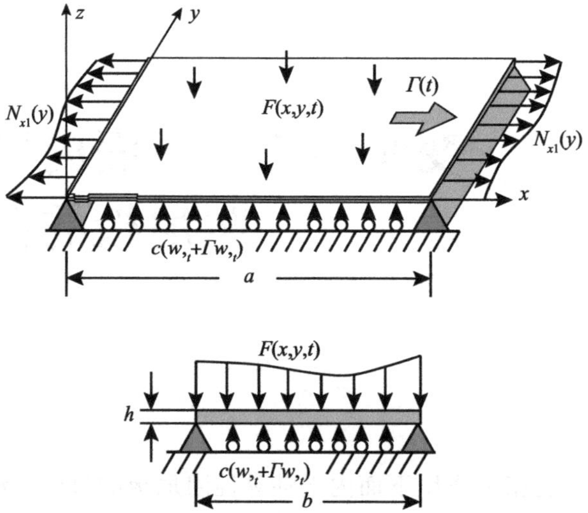

图 4-1 面内平动板的物理模型

板的动能 T 为

$$T=\int_0^a\int_0^b\frac{\rho}{2}\left[\Gamma^2+\left(\frac{\mathrm{d}w}{\mathrm{d}t}\right)^2\right]\mathrm{d}y\mathrm{d}x=\frac{1}{2}\int_0^a\int_0^b\rho\left[\Gamma^2+\left(w,_t+\Gamma w,_x\right)^2\right]\mathrm{d}y\mathrm{d}x \tag{4-2}$$

板的变形功的变分 δW_{d} 为

$$\delta W_{\mathrm{d}}=-\int_0^a\int_0^b\int_{-h/2}^{h/2}\left(\sigma_x\delta\varepsilon_x+\sigma_y\delta\varepsilon_y+\tau_{xy}\delta\gamma_{xy}\right)\mathrm{d}z\mathrm{d}y\mathrm{d}x \tag{4-3}$$

应变—位移的关系为

$$\begin{aligned}\varepsilon_x&=u,_x+\hat{\varepsilon}_x\\ \varepsilon_y&=v,_y+\hat{\varepsilon}_y\\ \gamma_{xy}&=u,_y+v,_x+\hat{\gamma}_{xy}\end{aligned} \tag{4-4}$$

板有用功的变分 δW_{e} 为

$$\begin{aligned}\delta W_{\mathrm{e}}&=\int_0^a\int_0^b F\delta w\mathrm{d}y\mathrm{d}x-\int_0^a\int_0^b c\frac{\mathrm{d}w}{\mathrm{d}t}\delta w\mathrm{d}y\mathrm{d}x\\ &=\int_0^a\int_0^b F\delta w\mathrm{d}y\mathrm{d}x-\int_0^a\int_0^b c\left(w,_t+\Gamma k_1 w,_x\right)\delta w\mathrm{d}y\mathrm{d}x\end{aligned} \tag{4-5}$$

在上式中引入无量纲参数 k_1，并令 $k_1=0$ 或 $k_1=1$。

由广义哈密尔顿原理得

$$\delta\int_{t_1}^{t_2}\left(T-U\right)\mathrm{d}t+\int_{t_1}^{t_2}\left(\delta W_{\mathrm{d}}+\delta W_{\mathrm{e}}\right)\mathrm{d}t=0 \tag{4-6}$$

把方程（4–1）~方程（4–5）代入方程（4–6）中，整理得到板的微分方程为

$$
\begin{aligned}
&\rho\left(\Gamma_{,t} w_{,x}+w_{,tt}+2\Gamma w_{,xt}+\Gamma^{2} w_{,xx}\right)+D\left(w_{,xxxx}+2w_{,xxyy}+w_{,yyyy}\right)\\
&-\left(N_{x0}+\eta\rho A\Gamma^{2}+\left(x-L\right)\rho A\Gamma_{,t}\right)w_{,xx}\\
&=F-\frac{\alpha D}{E}\left(w_{,xxxt}+\Gamma w_{,xxxx}+w_{,yyyt}+\Gamma w_{,xyyy}+2w_{,xxyt}+2\Gamma w_{,xxxyy}\right)\\
&\quad+6\frac{D}{Eh^{2}}\left\{E\left[\left(w_{,x}\right)^{2} w_{,xx}+2w_{,x} w_{,y} w_{,xy}+\left(w_{,y}\right)^{2} w_{,yy}\right]\right.\\
&\quad+2\alpha\left(w_{,x} w_{,xt} w_{,xx}+w_{,y} w_{,yt} w_{,yy}+w_{,x} w_{,yt} w_{,xy}+w_{,xt} w_{,y} w_{,xy}\right)\\
&\quad+2\Gamma\alpha\left[w_{,x}\left(w_{,xx}\right)^{2}+w_{,y} w_{,xy} w_{,yy}+w_{,x}\left(w_{,xy}\right)^{2}+w_{,xx} w_{,y} w_{,xy}\right]\\
&\quad+\mu E\left[\left(w_{,y}\right)^{2} w_{,xx}-2w_{,x} w_{,y} w_{,xy}+\left(w_{,x}\right)^{2} w_{,yy}\right]\\
&\quad+2\mu\alpha\left(w_{,y} w_{,yt} w_{,xx}+w_{,x} w_{,xt} w_{,yy}-w_{,x} w_{,yt} w_{,xy}-w_{,y} w_{,xt} w_{,xy}\right)\\
&\quad\left.+2\mu\Gamma\alpha\left[w_{,x} w_{,xx} w_{,yy}-w_{,x}\left(w_{,xy}\right)^{2}\right]\right\}
\end{aligned}
\tag{4-7}
$$

第二节　无量纲化

引入下列无量纲

$$
\begin{aligned}
&w\leftrightarrow\frac{w}{\sqrt{k\varepsilon h}},\ t\leftrightarrow\frac{t}{a}\sqrt{\frac{N_{x0}}{\rho}},\ x\leftrightarrow\frac{x}{a},\ y\leftrightarrow\frac{y}{b},\ \zeta=\frac{D}{N_{x0}a^{2}},\\
&\gamma=\Gamma\sqrt{\frac{\rho}{N_{x0}}},\ \xi=\frac{a}{b},\ \alpha\leftrightarrow\frac{D\alpha}{\varepsilon Ea^{3}\sqrt{\rho N_{x0}}},\ \omega=a\Omega\sqrt{\frac{\rho}{N_{x0}}},\\
&F_{1}=\frac{\rho a^{2}F_{0}}{\varepsilon^{1.5}hN_{x0}},\ c=\frac{ca}{h}\sqrt{\frac{\rho}{kN_{x0}}},\ \kappa=1-\eta
\end{aligned}
\tag{4-8}
$$

假设 $\alpha=O$（w^2），省略 O（w^2）的高阶项，因此，面内平动黏弹性板的控制方程及边界条件的无量纲化形式为

$$
\begin{aligned}
&w_{,tt}+2\gamma w_{,xt}+\left[\kappa\gamma^{2}-\left(x-1\right)\gamma_{,t}-1\right]w_{,xx}+\zeta\left(w_{,xxxx}+2\xi^{2}w_{,xxyy}+\xi^{4}w_{,yyyy}\right)\\
&=-\varepsilon\alpha\left[\left(w_{,xxxt}+2\xi^{2}w_{,xxyt}+\xi^{4}w_{,yyyt}\right)+\gamma\left(w_{,xxxxx}+2\xi^{2}w_{,xxxyy}+\xi^{4}w_{,xyyyy}\right)\right]\\
&\quad+6\varepsilon k\zeta\left[\left(w_{,x}^{2} w_{,xx}+2\xi^{2}w_{,x} w_{,y} w_{,xy}+\xi^{4}w_{,y}^{2} w_{,yy}\right)\right.\\
&\quad\left.+\mu\xi^{2}\left(w_{,y}^{2} w_{,xx}-2w_{,x} w_{,y} w_{,xy}+w_{,x}^{2} w_{,yy}\right)+\varepsilon F_{1}\cos\omega t-c\left(w_{,t}+\gamma k_{1}w_{,x}\right)\right.
\end{aligned}
\tag{4-9}
$$

$$\begin{aligned}&w\Big|_{x=0}^{x=1}=0,\quad \left[w_{,xx}+\frac{\varepsilon\alpha}{\zeta}\left(w_{,xxt}+\gamma w_{,xxx}+\frac{\mu\gamma}{\xi^2}w_{,xyy}\right)\right]\Bigg|_{x=0}^{x=1}=0\\&w\Big|_{y=0}^{y=1}=0,\quad \left[w_{,yy}+\frac{\varepsilon\alpha}{\zeta}\left(w_{,yyt}+\gamma w_{,xyy}\right)\right]\Bigg|_{y=0}^{y=1}=0\end{aligned}\tag{4-10}$$

在方程（4–9）中，$k_1=0$ 时，称为偏导模型；$k_1=1$ 时，称为全导模型。

第三节　系统的振动模态函数和固有频率

若忽略黏弹性项、外激励项和非线性项对板横向振动的影响，则控制方程（4–9）和边界条件（4–10）可以化简为

$$\begin{aligned}&w_{,tt}+2\gamma w_{,xt}+\left(\kappa\gamma^2-1\right)w_{,xx}+\zeta\left(w_{,xxxx}+2\xi^2w_{,xxyy}+\xi^4w_{,yyyy}\right)\\&+c\left(w_{,t}+\gamma k_1w_{,x}\right)=0\end{aligned}\tag{4-11}$$

$$w\Big|_{x=0}^{x=1}=0,\quad w_{,xx}\Big|_{x=0}^{x=1}=0;\qquad w\Big|_{y=0}^{y=1}=0,\quad w_{,yy}\Big|_{y=0}^{y=1}=0\tag{4-12}$$

方程（4–11）的解可表示为

$$w(x,y,t)=\sum_{m=1}^{\infty}\sum_{n=1}^{\infty}A_{mn}(t)\psi_{mn}(x,y)e^{\lambda_{mn}t}+cc\tag{4-13}$$

其中 A_{mn} 表示待定的复函数；ψ_{mn} 表示系统第 mn 阶模态；λ_{mn} 表示系统第 mn 阶固有频率；cc 表示等式（4–13）右端前项几项的共轭复数。把方程（4–13）代入方程（4–11）中，整理得到

$$\begin{aligned}&\lambda_{mn}^2\psi_{mn}+2\lambda_{mn}\gamma\psi_{mn},_x+\left(\kappa\gamma^2-1\right)\psi_{mn},_{xx}+\zeta\left(\psi_{mn},_{xxxx}+2\xi^2\psi_{mn},_{xxyy}\right.\\&\left.+\xi^4\psi_{mn},_{yyyy}\right)+c\left(k_1\gamma\psi_{mn},_x+\lambda_{mn}\psi_{mn}\right)=0\end{aligned}\tag{4-14}$$

方程（4–14）的解可表示为

$$\psi_{mn}(x,y)=\phi_n(x)\varphi_m(y)\tag{4-15}$$

对于四边简支板（y 方向为简支），把方程（4–15）代入方程（4–14）的后两式，解得

$$\varphi_m(y)=\sin(m\pi y)\tag{4-16}$$

把方程（4–15）代入方程（4–14）中，并在方程两端同时乘以 φ_m（y），然后

对 y 在区间［0，1］上进行积分，整理得到

$$\begin{aligned}&\zeta\phi_{n,xxxx}+\left(\kappa\gamma^2+2B_2\zeta\xi^2-1\right)\phi_{n,xx}\\&+\left(2\lambda_{mn}+c\right)\gamma\phi_{n,x}+\left(B_4\zeta\xi^4+\lambda_{mn}^2+\lambda_{mn}k_1c\right)\phi_n=0\end{aligned}\tag{4-17}$$

其中

$$B_2=\frac{\int_0^1\varphi_{m,yy}\,\varphi_m\mathrm{d}y}{\int_0^1\varphi_m^2\mathrm{d}y}=-m^2\pi^2,\ B_4=\frac{\int_0^1\varphi_{m,yyyy}\,\varphi_m\mathrm{d}y}{\int_0^1\varphi_m^2\mathrm{d}y}=m^4\pi^4\tag{4-18}$$

式（4–17）的解可表示为

$$\phi_n(x)=C_{1n}\left(e^{\mathrm{i}\beta_{1n}x}+C_{2n}e^{\mathrm{i}\beta_{2n}x}+C_{3n}e^{\mathrm{i}\beta_{3n}x}+C_{4n}e^{\mathrm{i}\beta_{4n}x}\right)\tag{4-19}$$

β_{jn}（j=1，2，3，4）为方程（4–17）的四个特征根，把方程（4–19）代入方程（4–17）中，整理得到

$$\begin{aligned}&\zeta\beta_{jn}^4+\left(1-\kappa\gamma^2-2B_2\zeta\xi^2\right)\beta_{jn}^2+\left(2\lambda_{mn}+c\right)\mathrm{i}\gamma\beta_{jn}\\&+\left(B_4\zeta\xi^4+\lambda_{mn}^2+\lambda_{mn}k_1c\right)=0\end{aligned}\tag{4-20}$$

化简方程（4–20）得到

$$\beta_{jn}^4+f_1\beta_{jn}^2+f_2\beta_{jn}+f_3=0\quad(n=1,2,\ldots)\tag{4-21}$$

其中

$$f_1=\frac{1-\kappa\gamma^2-2\zeta\xi^2B_2}{\zeta},\ \ f_2=\frac{\mathrm{i}\gamma\left(c+2\lambda\right)}{\zeta},\ \ f_3=\frac{B_4\zeta\xi^4+\lambda^2+ck_1\lambda}{\zeta}\tag{4-22}$$

方程（4–21）的解可表示成

$$\begin{aligned}&\beta_{1n}=g_1-\frac{1}{2}\sqrt{g_2-g_3},\ \beta_{2n}=g_1+\frac{1}{2}\sqrt{g_2-g_3},\\&\beta_{3n}=-g_1-\frac{1}{2}\sqrt{g_2-g_3},\ \beta_{4n}=-g_1+\frac{1}{2}\sqrt{g_2-g_3}.\end{aligned}\tag{4-23}$$

其中

$$\begin{aligned}&g_1=\frac{1}{2}\sqrt{-\frac{2f_1}{3}+\frac{\sqrt[3]{2}g_4}{3\sqrt[3]{g_5+\sqrt{g_5^2-4\sqrt[3]{g_4}}}}+\frac{\sqrt[3]{g_5+\sqrt{g_5^2-4\sqrt[3]{g_4}}}}{3\sqrt[3]{2}}},\\&g_2=-2f_1-4g_1^2,\ g_3=\frac{f_2}{g_1},\ g_4=f_1^2+12f_3,\ g_5=2f_1^3+27f_2^2-72f_1f_3.\end{aligned}\tag{4-24}$$

把方程（4–19）代入式（4–12）后，整理得到板的固有频率为

$$\left[e^{i(\beta_{1n}+\beta_{2n})}+e^{i(\beta_{3n}+\beta_{4n})}\right]\left(\beta_{1n}^2-\beta_{2n}^2\right)\left(\beta_{3n}^2-\beta_{4n}^2\right)+\left[e^{i(\beta_{1n}+\beta_{3n})}+e^{i(\beta_{2n}+\beta_{4n})}\right]\left(\beta_{3n}^2-\beta_{1n}^2\right)\left(\beta_{2n}^2-\beta_{4n}^2\right)+\left[e^{i(\beta_{2n}+\beta_{3n})}+e^{i(\beta_{1n}+\beta_{4n})}\right]\left(\beta_{2n}^2-\beta_{3n}^2\right)\left(\beta_{1n}^2-\beta_{4n}^2\right)=0 \tag{4–25}$$

将从方程组解出的非零解代入方程（4–19）中，得到系统的模态函数为

$$\begin{aligned}\phi_n(x)=C_{1n}\cdot &\left\{e^{i\beta_{1n}x}-\frac{\left(\beta_{4n}^2-\beta_{1n}^2\right)\left(e^{i\beta_{3n}}-e^{i\beta_{1n}}\right)}{\left(\beta_{4n}^2-\beta_{2n}^2\right)\left(e^{i\beta_{3n}}-e^{i\beta_{2n}}\right)}e^{i\beta_{2n}x}-\frac{\left(\beta_{4n}^2-\beta_{1n}^2\right)\left(e^{i\beta_{2n}}-e^{i\beta_{1n}}\right)}{\left(\beta_{4n}^2-\beta_{3n}^2\right)\left(e^{i\beta_{2n}}-e^{i\beta_{3n}}\right)}e^{i\beta_{3n}x}\right.\\ &\left.-\left[1-\frac{\left(\beta_{4n}^2-\beta_{1n}^2\right)\left(e^{i\beta_{3n}}-e^{i\beta_{1n}}\right)}{\left(\beta_{4n}^2-\beta_{2n}^2\right)\left(e^{i\beta_{3n}}-e^{i\beta_{2n}}\right)}+\frac{\left(\beta_{4n}^2-\beta_{1n}^2\right)\left(e^{i\beta_{2n}}-e^{i\beta_{1n}}\right)}{\left(\beta_{4n}^2-\beta_{3n}^2\right)\left(e^{i\beta_{2n}}-e^{i\beta_{3n}}\right)}\right]e^{i\beta_{4n}x}\right\}\end{aligned} \tag{4–26}$$

图 4–2（a）表示系统前八阶衰减率与平均速度的变化关系；图 4–2（b）表示固有频率与平均速度的变化关系。固有频率和衰减率在数值上关于轴向平均速度轴线对称，但是，为了避免出现毫无意义的结果，在图中我们只给出具有正值的曲线。在图 4–2 中，参数设置为 c=2、κ=0.5、ξ=1、ζ=1 和 k_1=1。其中细实线、细虚线、细点划线、细虚线、粗实线、粗虚线、粗点划线以及粗点线分别表示第十一、第十二、第十三、第二十一、第二十二、第二十三、第三十一和第三十二阶衰减率和固有频率。观察图 4–2（a）和（b）可以看出，当 γ=0~8.98 时，平动速度增大，但固有频率是一直减小的，衰减率恒为零，显然，此时的系统是稳定的；当 γ=8.99 时，第一阶固有频率消失，第一阶衰减率出现正数值，此时的速度我们称之为临界速度；当 γ>11.20 时，第一阶固有频率和第二阶固有频率发生耦合，系统出现震颤现象并失稳。此后，系统变

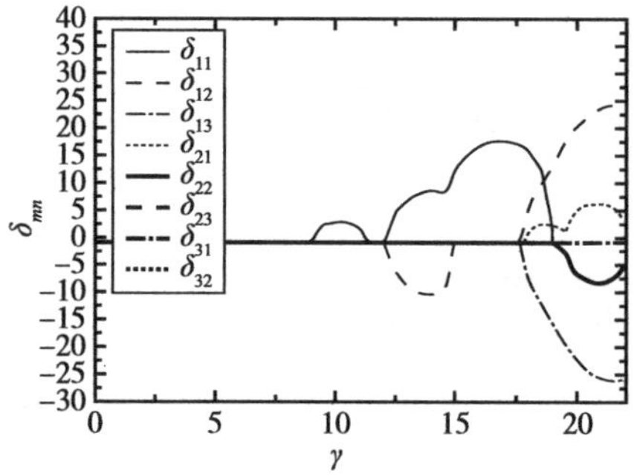

（a）衰减率

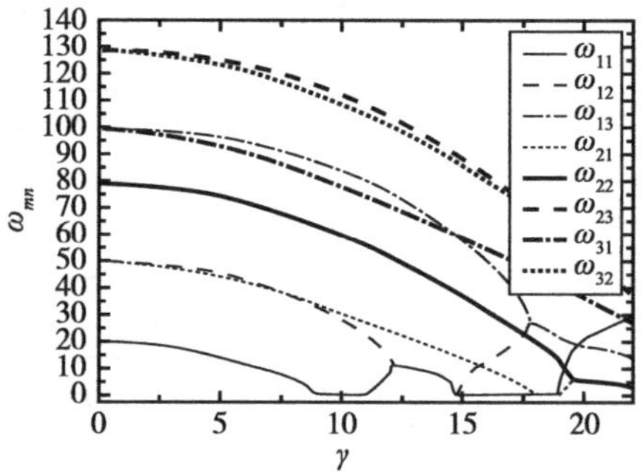

（b）固有频率

图 4–2　板前八阶复频率与面内平动速度的关系

得更加复杂并且没有稳定区域。从图 4-2（b）中可以得到，当 γ_0=8.1412 时，ω_{12}=36.05301，ω_{21}=36.05301，即 $\omega_{12}=\omega_{21}$，此时可能发生 1∶1 内共振。

在长宽比变化的条件下，图 4-3 给出了系统的前四阶固有频率。其中实线、虚线、点划线和点线分别表示第十一、第十二、第二十一和第二十二阶固有频率。在图 4-3 中，参数设置为 γ=2、c=2、κ=0.5、ζ=1 和 k_1=1。观察图 4-3 可以看出，长宽比增大致使固有频率增大。当 ξ=1.00874 时，第二阶固有频率和第三阶固有频率分别为 ω_{12}=49.19247 和 ω_{21}=49.19267，即 $\omega_{12}\approx\omega_{21}$，此时可能发生 1:1 内共振；板的长宽比越大越容易看出，ω_{21} 和 ω_{22} 比 ω_{11} 和 ω_{12} 增大得快。

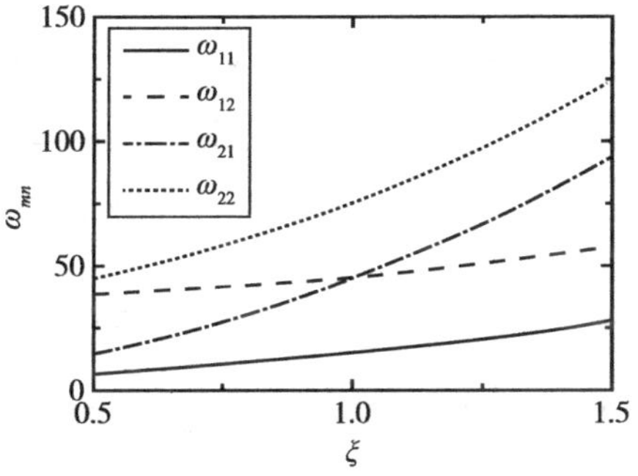

图 4-3　板前四阶固有频率与长宽比的关系

在刚度比变化的条件下，图 4-4 给出了系统的前四阶固有频率。其中实线、虚线、点划线和点线分别表示第十一、第十二、第二十一和第二十二阶固有频率。在图 4-4 中，参数设置为 γ=2、c=2、κ=0.5、ξ=0.6 和 k_1=1。观察图 4-4 可以看出，增大刚度比时，固有频率也增大。从黏弹性本构关系中可得到，长宽比增大时，板的刚度项随之增大。

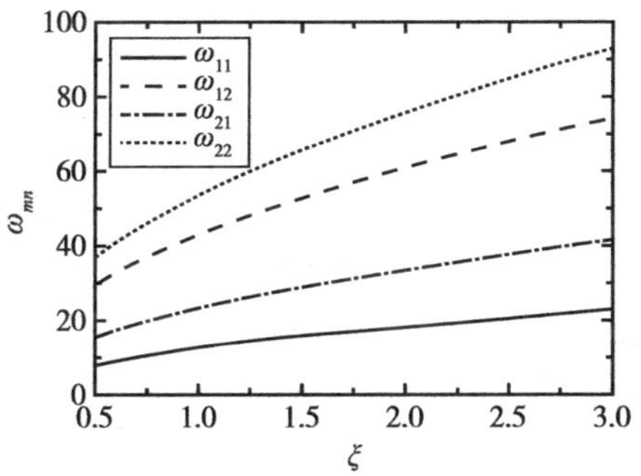

图 4-4　板前四阶固有频率与刚度比的关系

图 4–5（a）给出了当 $\kappa=1$ 时系统的前四阶固有频率；图 4–5（b）给出了 $\kappa=0$ 时系统的前四阶固有频率。在图 4–5 中，参数设置为 $c=2$、$\xi=1$、$\zeta=1$ 和 $k_1=1$。观察图 4–5（a）可以看出，平动速度越大，固有频率越大；当平动速度在 $\gamma=0$ 至 $\gamma=1.80$ 之间时，ω_{12} 比 ω_{21} 大；当平动速度 $\gamma>1.81$ 时，ω_{12} 比 ω_{21} 小。观察图 4–5（b）可以看出，平动速度越大，而固有频率会变小；若设置支撑刚度参数时，ω_{12} 一直比 ω_{21} 大。

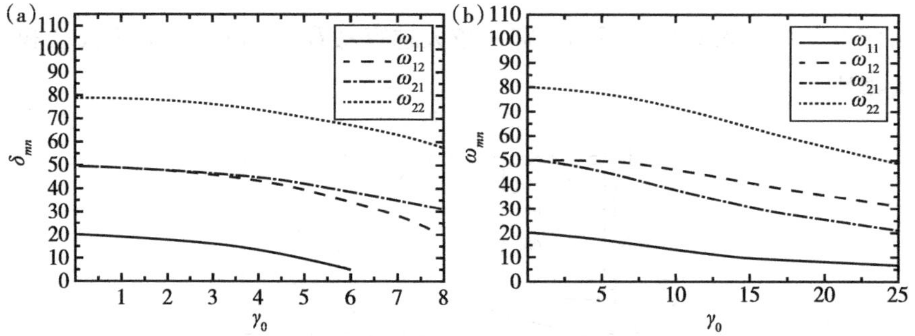

图 4–5　板前四阶固有频率与支撑刚度比的关系

表 4–1　板前四阶复频率与平动速度的关系（$c=0$）

$c=0$	δ_{11}	ω_{11}	δ_{12}	ω_{12}	δ_{21}	ω_{21}	δ_{22}	ω_{22}
$\gamma=0$	0	19.987	0	49.746	0	49.448	0	79.206
$\gamma=5$	0	13.972	0	44.961	0	43.908	0	74.278
$\gamma=10$	3.867	0	0	28.097	0	30.475	0	59.535
$\gamma=13$	7.861	9.573	−7.861	9.753	0	20.611	0	46.665
$\gamma=14$	9.548	7.274	−9.548	7.274	0	17.146	0	41.824
$\gamma=21$	16.370	24.812	−24.812	16.371	−5.874	4.167	−7.282	4.176

表 4–2　板前四阶复频率与平动速度的关系（$c=2$）

$c=0$	δ_{11}	ω_{11}	δ_{12}	ω_{12}	δ_{21}	ω_{21}	δ_{22}	ω_{22}
$\gamma=0$	−1	19.963	−1	49.736	−1	49.438	−1	79.200
$\gamma=5$	−1	13.947	−1	44.950	−1	43.898	−1	74.272
$\gamma=10$	2.886	0	−1	28.082	−1	30.467	−1	59.529
$\gamma=13$	6.878	9.753	−8.878	9.753	−1	20.603	−1	46.658
$\gamma=14$	8.557	7.271	−10.565	7.721	−1	17.139	−1	41.817
$\gamma=21$	23.924	16.370	7.721	16.370	6.279	4.167	−8.279	4.161

表 4–1 给出了当 $c=0$ 时的系统的前四阶衰减率和固有频率与平动速度的关系；表 4–2 表示当 $c=2$ 时系统的前四阶衰减率和固有频率与平动速度的关系。在表 4–1 和表 4–2 中，参数设置为 $\gamma=2$、$\kappa=0.5$、$\zeta=1$、$\xi=1$ 和 $k_1=1$。观察表 4–1 和表 4–2，对比可以看出，黏性阻尼系数对衰减率的影响很大，而对固有频率的影响很小。

图 4–6（a）和（b）分别给出了当 $k_1=0$ 时的系统的前四阶衰减率和固有频率与平动速度的关系；图 4–6（c）和（d）分别表示当 $k_1=1$ 时的系统的前四阶衰减率和固有频率与平动速度的关系。在图 4–6 中，参数设置为 $c=2$、$\xi=1$ 和 $\zeta=1$。观察图 4–6（a）可以看出，平动速度增大致使第十一、第二十一和第二十二阶衰减率增大，但第十二阶衰减率先增大后一直减小。观察图 4–6（c）可以看出，前四阶衰减率是一常数，其值恒为 $-c/2$。观察图 4–6（b）和（d）可以看出，平动速度增大致使前四阶固有频率减小，其变化趋势相同。

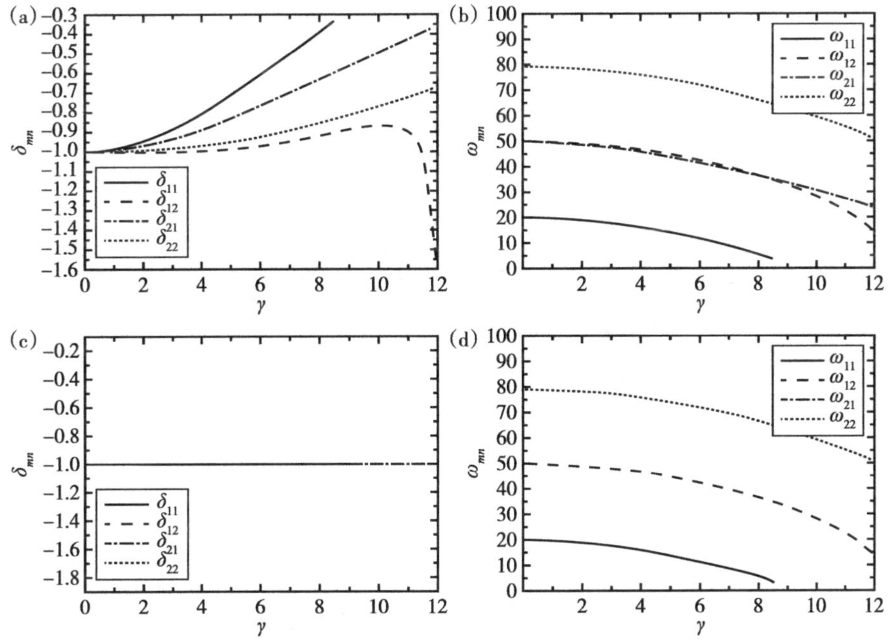

图 4–6　板前四阶固有频率与平动速度的关系

图 4–7 给出了系统的前四阶模态函数。在图 4–7 中，参数设置为 $\kappa=0.5$、$k_1=1$、$\zeta=1$、$\xi=1$、$c=2$ 和 $\gamma=2$。观察图 4–7 可以看出，前四阶模态既不关于板中点对称也不关于板中心反对称。

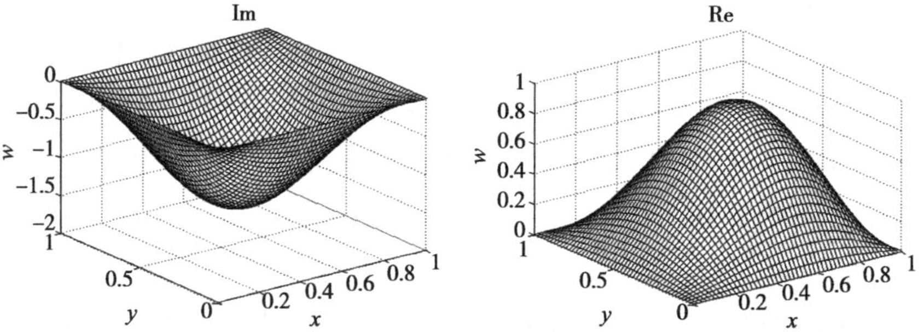

（a）$\psi 11$

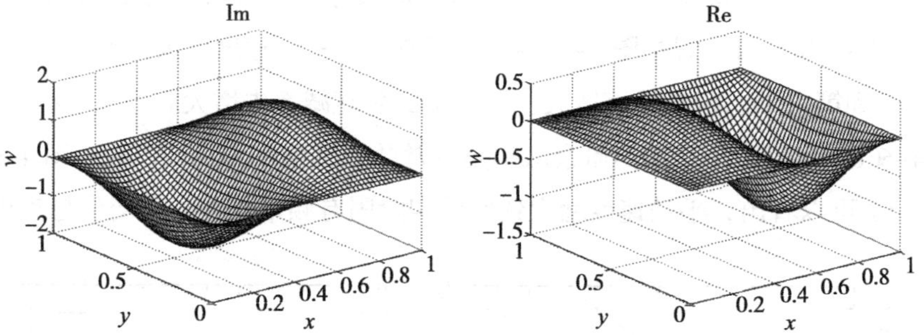

（b）$\psi 12$

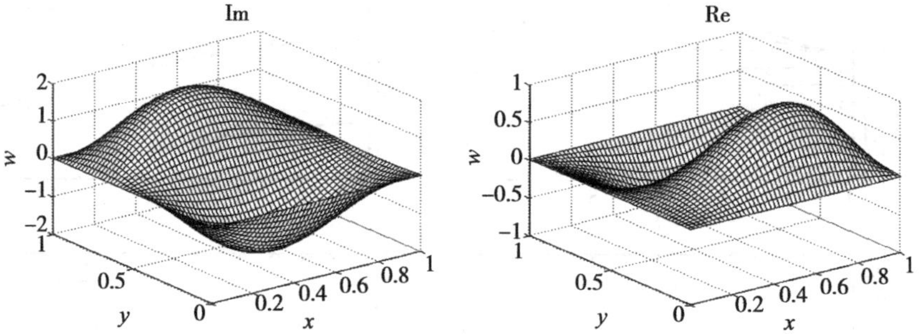

（c）$\psi 21$

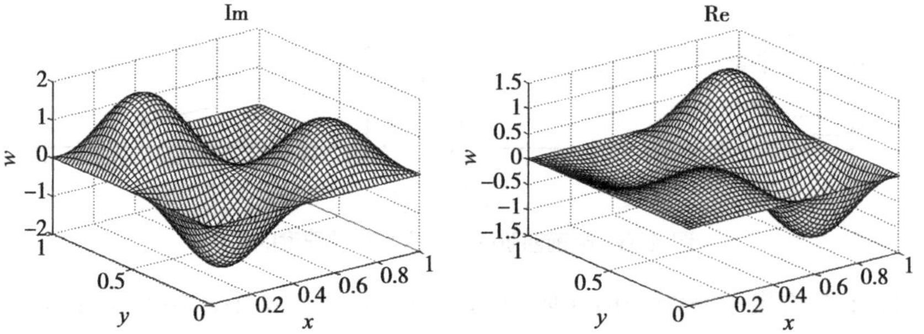

（d）$\psi 22$

图 4-7　板的前四阶模态

第四节　线性派生系统的临界速度

若方程（4–17）有平衡解，则位移 w_0 与时间相互独立，因此，w_0 满足

$$\left(\kappa\gamma^2-1\right)w_{,xx}+\zeta\left(w_{,xxxx}+2\xi^2 w_{,xxyy}+\xi^4 w_{,yyyy}\right)+c\gamma k_1 w_{,x}=0 \tag{4–27}$$

把方程（4–15）代入方程（4–27）中，并在方程两端同时乘以 φ_m（y），然后对 y 在区间［0，1］上进行积分，得到

$$\zeta\phi_{n,xxxx}+\left(\kappa\gamma^2+2B_2\zeta\xi^2-1\right)\phi_{n,xx}+c\gamma k_1\phi_{n,x}+B_4\zeta\xi^4\phi_n=0 \tag{4–28}$$

方程（4–28）的特征方程为

$$\zeta\lambda^4+\left(\kappa\gamma^2+2B_2\zeta\xi^2-1\right)\lambda^2+c\gamma k_1\lambda+B_4\zeta\xi^4=0 \tag{4–29}$$

方程（4–29）的解可表示为

$$\phi_n\left(x\right)=C_{1n}\left(e^{\beta_{1n}x}+C_{2n}e^{\beta_{2n}x}+C_{3n}e^{\beta_{3n}x}+C_{4n}e^{\beta_{4n}x}\right) \tag{4–30}$$

把方程（4–30）代入边界条件，整理得到

$$\begin{pmatrix} 1 & 1 & 1 & 1 \\ \beta_{1n}^2 & \beta_{2n}^2 & \beta_{3n}^2 & \beta_{4n}^2 \\ e^{\beta_{1n}} & e^{\beta_{2n}} & e^{\beta_{3n}} & e^{\beta_{4n}} \\ e^{\beta_{1n}}\beta_{1n}^2 & e^{\beta_{2n}}\beta_{2n}^2 & e^{\beta_{3n}}\beta_{3n}^2 & e^{\beta_{4n}}\beta_{4n}^2 \end{pmatrix}\begin{pmatrix} 1 \\ C_2 \\ C_3 \\ C_4 \end{pmatrix}=0 \tag{4–31}$$

若方程（4–31）有非零解，则其系数行列式为零，整理后可以得到频率方程为

$$\begin{aligned}&\left[e^{(\beta_{1n}+\beta_{2n})}+e^{(\beta_{3n}+\beta_{4n})}\right]\left(\beta_{1n}^2-\beta_{2n}^2\right)\left(\beta_{3n}^2-\beta_{4n}^2\right)+\left[e^{(\beta_{1n}+\beta_{3n})}+e^{(\beta_{2n}+\beta_{4n})}\right]\left(\beta_{3n}^2\right.\\&\left.-\beta_{1n}^2\right)\left(\beta_{2n}^2-\beta_{4n}^2\right)+\left[e^{(\beta_{2n}+\beta_{3n})}+e^{(\beta_{1n}+\beta_{4n})}\right]\left(\beta_{2n}^2-\beta_{3n}^2\right)\left(\beta_{1n}^2-\beta_{4n}^2\right)=0\end{aligned} \tag{4–32}$$

在给定几组不同长宽比的条件下，图 4–8 给出了系统的临界速度与刚度比的关系。在图 4–8 中，实线的参数设置为 c=2、κ=0.5、m=1、k_1=1 和 ξ=1.0；虚线的参数设置为 c=2、κ=0.5、m=1、k_1=1 和 ξ=0.5；点线的参数设置为 c=2、κ=0.5、m=1、k_1=1 和 ξ=2.0。观察图 4–8 可以看出，刚度比增大致使临界速度增大；长宽比增大致使临界速度增大。

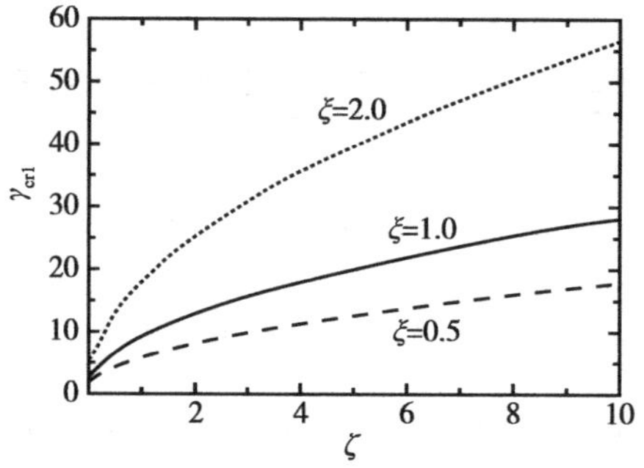

图 4-8 板临界速度与刚度比的关系

在给定几组不同黏性阻尼系数的条件下，图 4-9 给出了系统的临界速度与支撑刚度参数的关系。在图 4-9 中，实线参数设置为 $\xi=1$、$\zeta=1$、$m=1$、$k_1=1$ 和 $c=0$；虚线参数设置为 $\xi=1$、$\zeta=1$、$m=1$、$k_1=1$ 和 $c=2$；点线参数设置为 $\xi=1$、$\zeta=1$、$m=1$、$k_1=1$ 和 $c=4$。观察图 4-9 可以看出，支撑刚度参数增大致使临界速度减小，黏性阻尼系数增大致使临界速度增大。

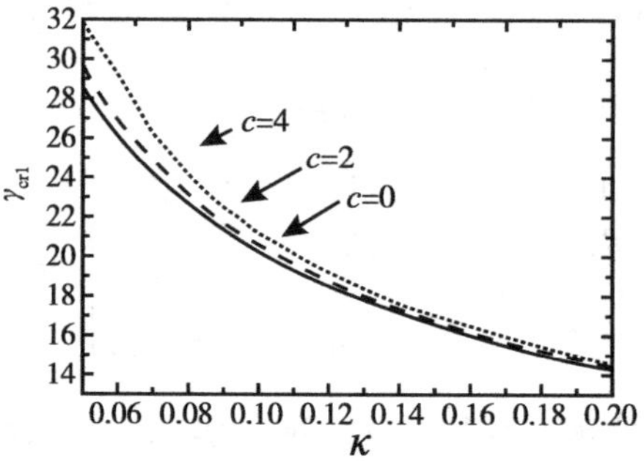

图 4-9 板临界速度与支撑刚度参数的关系

在给定 $k_1=0$ 或 $k_1=1$ 的条件下，图 4-10 给出了系统的临界速度随长宽比的变化。在图 4-10 中，实线参数设置为 $\kappa=0.5$、$\zeta=1$、$m=1$、$c=2$ 和 $k_1=0$；虚线参数设置为 $\kappa=0.5$、$\zeta=1$、$m=1$、$c=2$ 和 $k_1=1$。观察图 4-10 可以看出，长宽比增大致使临界速度增大。当给定 $\kappa=0.5$、$\zeta=1$、$m=1$ 和 $c=2$，并且设置长宽比的值时，全导模型的临界速度要大于偏导模型的。

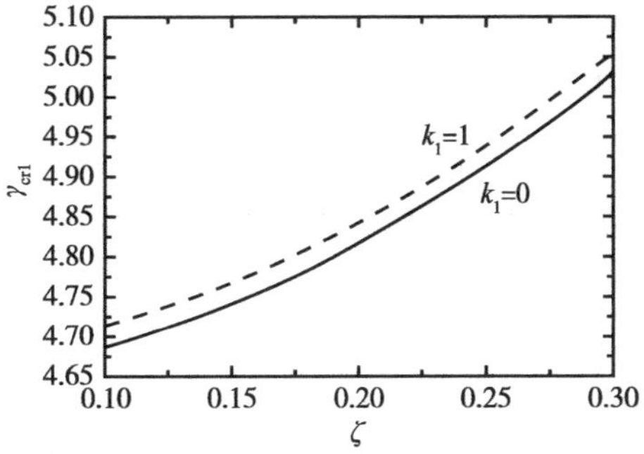

图 4-10　板临界速度与长宽比的关系

第五节　数值验证

这一节将使用微分求积法对前面得到的复频率、模态和临界速度的结果进行数值验证。取 $\varepsilon=1$。

取计算域为 $0 \leqslant x \leqslant 1$。网点数 $N_x=17$。方程（4–11）的解可表示为

$$w(x,y,t)=\sum_{m=1}^{\infty}\sum_{n=1}^{\infty}\phi_n(x)\varphi_m(y)A_{mn}e^{\lambda_{mn}t}+cc \tag{4–33}$$

其中 φ_m（y）取方程（4–16）的形式。把方程（4–33）代入方程（4–11）中，并在方程两端同时乘以 φ_m（y），然后对 y 在区间［0，1］上进行积分，得到

$$\begin{aligned}&\lambda_{mn}^2\phi_n+2\lambda_{mn}\gamma\phi_{n,x}+\left(\kappa\gamma^2-1\right)\phi_{n,xx}+\zeta\left(\phi_{n,xxxx}-2m^2\pi^2\xi^2\phi_{n,xx}\right.\\&\left.+m^4\pi^4\xi^4\phi_n\right)+c(\lambda_{mn}\phi_n+\gamma k_1\phi_{n,x})=0\end{aligned} \tag{4–34}$$

方程（4–34）相应的微分求积近似离散为

$$\begin{aligned}&\lambda_{mn}^2\phi_{ni}+2\lambda_{mn}\gamma\sum_{k=2}^{N_x-1}A_{ik}^{(1)}\phi_{nk}+\left(\kappa\gamma^2-1\right)\sum_{k=2}^{N_x-1}\tilde{A}_{ik}^{(2)}\phi_{nk}+\zeta\left(\sum_{k=2}^{N_x-1}\tilde{A}_{ik}^{(4)}\phi_{nk}\right.\\&\left.-2m^2\pi^2\xi^2\sum_{k=2}^{N_x-1}\tilde{A}_{ik}^{(2)}\phi_{nk}+m^4\pi^4\xi^4\phi_{ni}\right)+c(\lambda_{mn}\phi_n+\gamma k_1\sum_{k=2}^{N_x-1}A_{ik}^{(1)}\phi_{nk})=0\\&(i=2,3,\cdots,N_x-1)\end{aligned} \tag{4–35}$$

式（4–35）写成矩阵形式，表达式为

$$\left(\lambda_{mn}^2[M]+\lambda_{mn}[G]+[K]\right)\{\phi_n\}=\{0\} \tag{4–36}$$

其中，［M］表示质量矩阵，［G］表示陀螺矩阵，［K］表示刚度矩阵。

图 4–11（a）表示系统前四阶衰减率与平均速度的变化关系；图 4–11（b）表示系统前四阶固有频率与平均速度的变化关系。在图 4–11 中，参数设置为 $c=2$、$\kappa=0.5$、$\xi=1$、$\zeta=1$ 和 $k_1=1$。其中实线代表直接多尺度法的近似解析解；黑点代表微分求积法的数值解。观察图 4–11 可以看出，直接多尺度法和微分求积法的结果吻合得非常好。

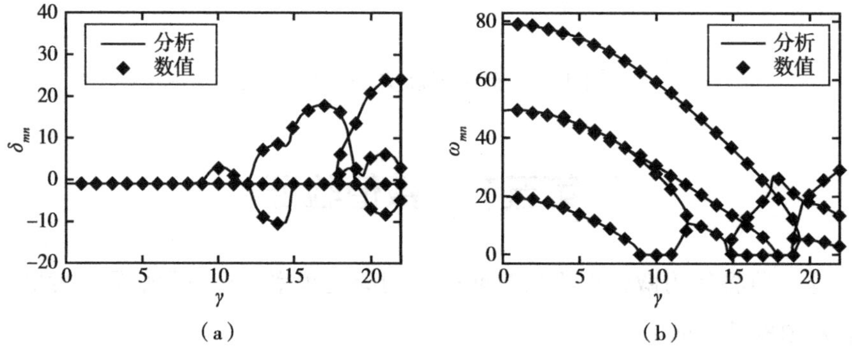

图 4–11 板前四阶复频率与面内平动速度变化的关系

图 4–12 给出了不同方法下系统前四阶复模态的比较。在图 4–12 中，参数设置为 $\kappa=0.5$、$k_1=1$、$\zeta=1$、$\xi=1$、$c=2$ 和 $\gamma=2$。实线代表直接多尺度法的近似解析解；黑点代表微分求积法的数值解。观察图 4–12 可以看出，直接多尺度法和微分求积法的结果吻合得非常好。

在给定几组不同长宽比的条件下，图 4–13 给出了不同方法下系统前四阶固有频率与刚度比变化的关系。在图 4–13 中，参数设置为 $c=2$、$\kappa=0.5$、$m=1$ 和 $k_1=1$。实线代表多尺度法的近似解析解；黑点代表微分求积法的数值解。观察图 4–13 可以看出，直接多尺度法和微分求积法的结果吻合得非常好。

在给定几组不同黏性阻尼系数的条件下，图 4–14 给出了不同方法下系统的临界速度与支撑刚度参数变化的关系。在图 4–14 中，若设置参数为 $\kappa=0.5$、$\zeta=1$、$\xi=1$、$m=1$ 和 $k_1=1$。实线代表多尺度法的近似解析解；黑点代表微分求积法的数值解。观察图 4–14 可以看出，直接多尺度法和微分求积法的结果吻合得非常好。

在给定 $k_1=0$（偏导数模型）和 $k_1=1$（全导数模型）的条件下，图 4–15 给

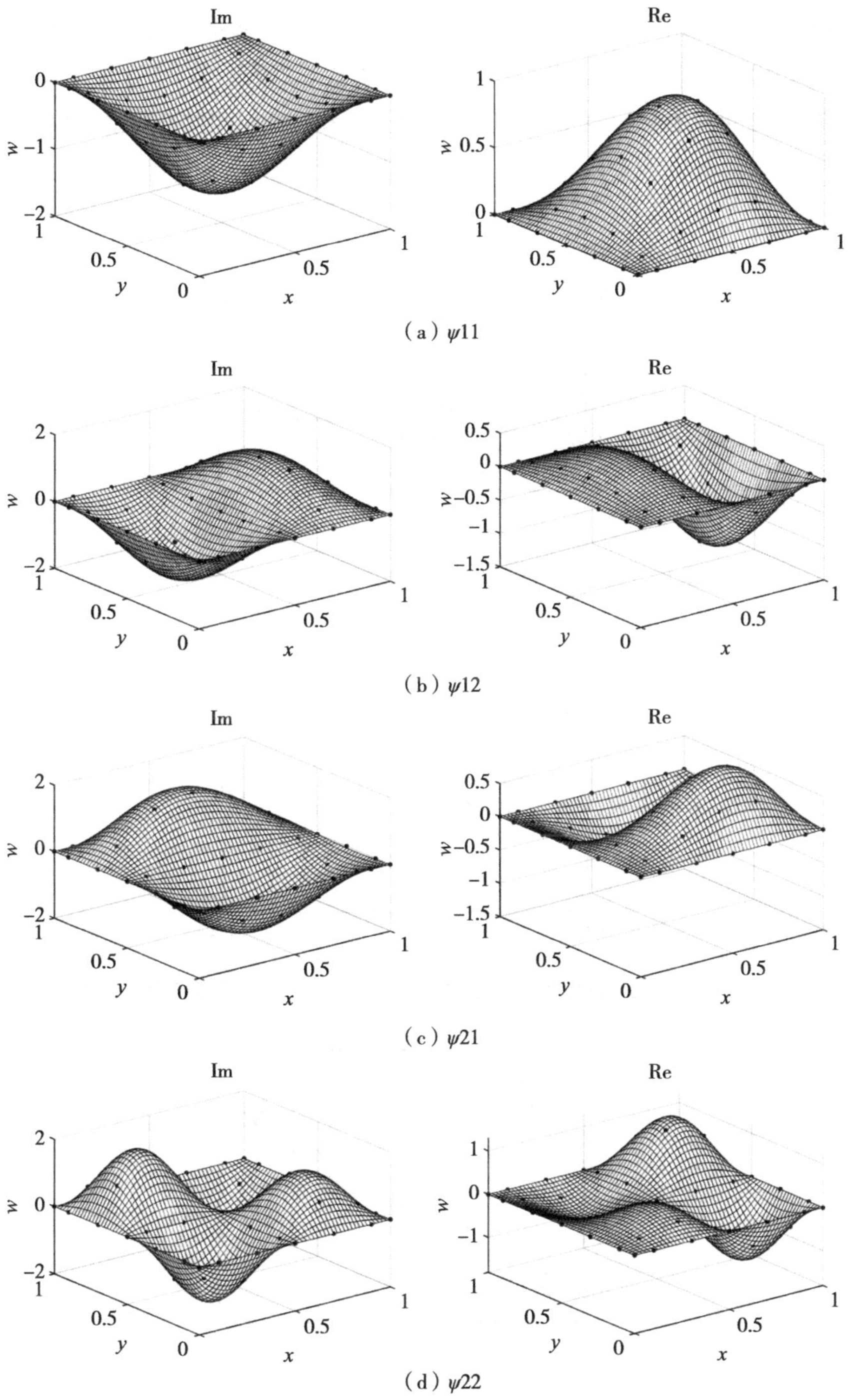

(a) ψ11

(b) ψ12

(c) ψ21

(d) ψ22

图 4-12　板前四阶复模态的比较

出了系统的临界速度随长宽比的变化。在图 4–15 中，参数设置为 κ=0.5、ζ=1、m=1 和 c=2。实线表示多尺度法的近似解析解；黑点表示微分求积法的数值解。观察图 4–15 可以看出，直接多尺度法和微分求积法的结果吻合得非常好。

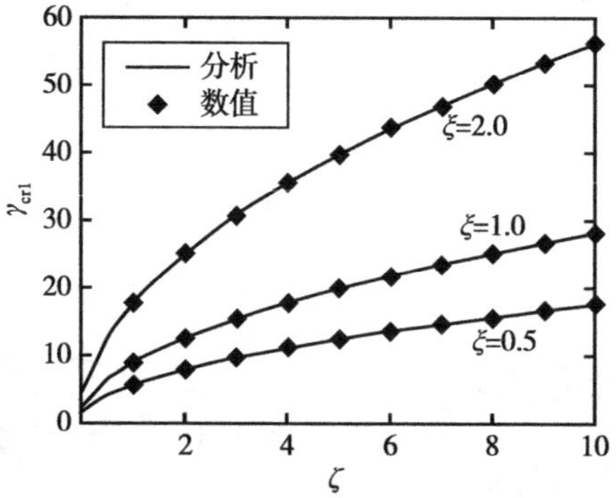

图 4–13　板临界速度在不同长宽比条件下随长宽比变化的比较

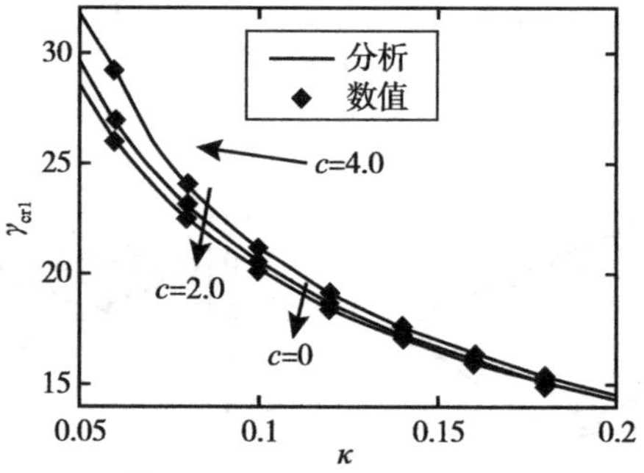

图 4–14　板临界速度在不同黏性阻尼条件下随支撑刚度参数变化的比较

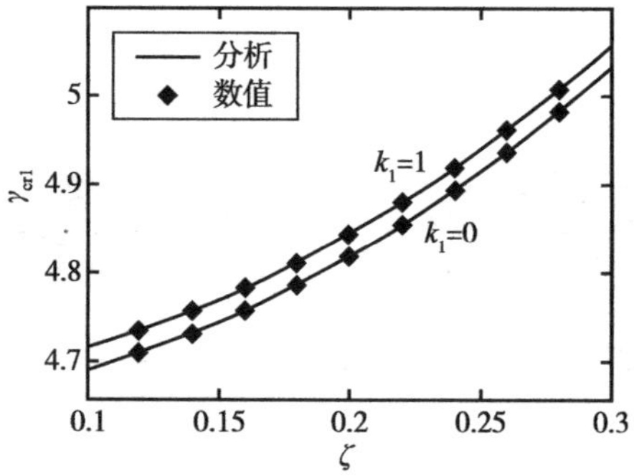

图 4–15　板临界速度在不同 k_1 条件下随长宽比变化的比较

第六节　小结

本章研究了轴向变张力作用下面内平动黏性阻尼板的自由振动问题。首先，导出了面内平动黏性阻尼板的横向振动偏微分方程、相应的边界条件和初始条件。其次，提出了偏导模型和全导模型两种概念。研究了带有黏性阻尼的面内平动板的固有频率、模态函数和临界速度。将控制方程和边界条件线性化，采用直接多尺度法给出了对应于两种阻尼模型的四边简支板的控制方程。通过复模态法计算复频率和相应的复模态，给出一些数值实例，在确定其他参数不变的基础上，分别考虑了黏性阻尼系数、轴向速度、长宽比、刚度比和支承刚度对固有频率和临界速度的影响。最后，采用微分求积法验证了解析结果。

研究得到以下几个主要的结论。

（1）给出了系统的前八阶复频率与面内平均速度的关系。当 $\gamma \leqslant 8.98$ 时，系统处于稳定状态，当 $\gamma=8.99$ 时，第一阶固有频率消失并且第一阶衰减率出现，此时会发生压杆失稳现象，此时的平均速度称为临界速度。当 $\gamma \geqslant 12.10$ 时，系统前两阶固有频率发生耦合，颤振现象出现并且系统再次失去稳定性。此后，系统变得更加复杂并且再无稳定区域。

（2）当面内平动速度 $\gamma=8.1412$ 时，可得 $\omega_{12} \approx \omega_{21}$，此时会发生 1∶1 内共振，第 12 阶和第 21 阶固有频率的立方非线性导致参数共振或 1∶1 内共振，从而导致所涉及相互作用的两阶非线性模态之间有能量交换。

（3）研究发现，这两种不同黏性阻尼模型具有定性上的差别。在偏导模型中，平动速度增大致使第 11、第 21 和第 22 阶衰减率增大，但第 12 阶衰减率先增大后一直减小；在全导模型中，前四阶衰减率是一常数，其值恒为 $-c/2$。在偏导模型和全导模型中，平动速度增大致使前四阶固有频率减小，其变化趋势相同。如果在实验中给出两个不同的轴向速度，那么我们就可以判断哪种模型更接近工程实际。

（4）观察模态图中可以看出，前四阶模态既不关于板中点对称也不关于板中心反对称。

（5）刚度比和长宽比的增大致临界速度增大；同样地，黏性阻尼的增大致使临界速度增大，但支撑刚度参数的增大致使临界速度减小。若设置参数

c=2、ξ=1 和 ζ=1 时，全导模型的临界速度比偏导模型的临界速度大。

（6）微分求积法的数值结果验证了多尺度法得到的复频率和临界速度，结果表明直接多尺度法和微分求积法的结果吻合得非常好。首次使用微分求积法验证了模态，结果表明直接多尺度法和微分求积法求得的模态的结果吻合得非常好。

第五章

变张力作用下面内变速运动板的动态稳定性

本章将研究非齐次边界条件和轴向变张力作用下面内变速运动黏弹性板的动态稳定性。首先，采用能量法，基于 Kelvin 黏弹性本构关系，得到轴向变张力作用下面内变速运动板的控制方程、相应的非线性边界条件和初始条件。其次，采用多尺度法来分析轴向变张力作用下面内平动黏弹性板的参数稳定性问题，重点研究变张力和非线性边界条件对运动板动态稳定性的影响。采用具体数值参数值，分析黏弹性系数、黏性阻尼系数和其他参数对稳定性边界条件的影响。最后，利用微分求积法对近似解析结果进行数值验证。

第一节　直接多尺度分析

在式（4–9）中，不计高阶小量项、外力，可以得到面内平动非线性黏弹性板无量纲化的受迫振动控制方程

$$\begin{aligned}&w_{,tt}+2\gamma w_{,xt}+\left[\kappa\gamma^2-(x-1)\gamma_{,t}-1\right]w_{,xx}+\zeta\left(w_{,xxxx}+2\xi^2w_{,xxyy}+\xi^4w_{,yyyy}\right)=\\&-\varepsilon\eta\left[\left(w_{,xxxt}+2\xi^2w_{,xxyyt}+\xi^4w_{,yyyyt}\right)+\gamma\left(w_{,xxxxx}+2\xi^2w_{,xxxyy}+\xi^4w_{,xyyyy}\right)\right]\\&-c_{\mathrm{d}}\left(w_{,t}+\gamma k_1w_{,x}\right)\end{aligned}\tag{5-1}$$

$$\begin{aligned}&w\Big|_{x=0}^{x=1}=0,\quad\left[w_{,xx}+\frac{\varepsilon\eta}{\zeta}\left(w_{,xxt}+\gamma w_{,xxx}+\frac{\mu\gamma}{\xi^2}w_{,xyy}\right)\right]\Bigg|_{x=0}^{x=1}=0\\&w\Big|_{y=0}^{y=1}=0,\quad\left[w_{,yy}+\frac{\varepsilon\eta}{\zeta}\left(w_{,yyt}+\gamma w_{,xyy}\right)\right]\Bigg|_{y=0}^{y=1}=0\end{aligned}\tag{5-2}$$

设板的平动速度有小周期脉动，即

$$\gamma=\gamma_0+\varepsilon\gamma_1\sin(\omega t) \tag{5-3}$$

其中γ_0表示平均速度；γ_1表示振幅；ω表示频率。令$\omega=O(1)$，把方程（5–3）代入方程（5–19）和方程（5–1）和方程（5–2）中，整理得到

$$\begin{aligned}&w_{,tt}+2\gamma_0 w_{,xt}+\left(\kappa\gamma_0^2-1\right)w_{,xx}+\zeta\left(w_{,xxxx}+2\xi^2 w_{,xxyy}+\xi^4 w_{,yyyy}\right)\\&=-\varepsilon\eta\left[w_{,xxxxt}+2\xi^2 w_{,xxyyt}+\xi^4 w_{,yyyyt}+\gamma_0\left(w_{,xxxxx}+2\xi^2 w_{,xxxyy}+\xi^4 w_{,xyyyy}\right)\right]\\&\quad-\varepsilon\gamma_1\left[2\kappa\gamma_0\sin(\omega t)w_{,xx}-(x-1)\omega\cos(\omega t)w_{,xx}+2\sin(\omega t)w_{,xt}\right]\\&\quad-\varepsilon c_{\rm d}\left(w_{,t}+k_1\gamma_0 w_{,x}\right)+O\left(\varepsilon^2\right)\end{aligned} \tag{5-4}$$

$$\begin{aligned}&w\Big|_{x=0}^{x=1}=0,\quad \left[w_{,xx}+\frac{\varepsilon\eta}{\zeta}\left(w_{,xxt}+\gamma_0 w_{,xxx}+\frac{\mu\gamma_0}{\xi^2}w_{,xyy}\right)+O\left(\varepsilon^2\right)\right]\Bigg|_{x=0}^{x=1}=0;\\&w\Big|_{y=0}^{y=1}=0,\quad \left[w_{,yy}+\frac{\varepsilon\eta}{\zeta}\left(w_{,yyt}+\gamma_0 w_{,xyy}\right)+O\left(\varepsilon^2\right)\right]\Bigg|_{y=0}^{y=1}=0.\end{aligned} \tag{5-5}$$

由直接多尺度法分析得到方程（5–4）和方程（5–5）的一阶近似解可表示为

$$w(x,y,t;\varepsilon)=w_0\left(x,y,T_0,T_1\right)+\varepsilon w_1\left(x,y,T_0,T_1\right)+O\left(\varepsilon^2\right) \tag{5-6}$$

其中$T_0=t$和$T_1=\varepsilon t$分别表示快时间尺度和慢时间尺度。把方程（5–6）和下式

$$\frac{\partial}{\partial t}=\frac{\partial}{\partial T_0}+\varepsilon\frac{\partial}{\partial T_1},\ \frac{\partial^2}{\partial t^2}=\frac{\partial^2}{\partial T_0^2}+2\varepsilon\frac{\partial^2}{\partial T_0\partial T_1}+O\left(\varepsilon^2\right) \tag{5-7}$$

分别代入方程（5–4）和方程（5–5）中，然后分别提取ε^0和ε^1的系数项，得到

$$\varepsilon^0: w_{0,T_0T_0}+2\gamma_0 w_{0,xT_0}+\left(\kappa\gamma_0^2-1\right)w_{0,xx}+\zeta\left(w_{0,xxxx}+2\xi^2 w_{0,xxyy}+\xi^4 w_{0,yyyy}\right)=0 \tag{5-8a}$$

$$\varepsilon^0:\ w_0\Big|_{x=0}^{x=1}=0,\quad w_{0,xx}\Big|_{x=0}^{x=1}=0;\qquad w_0\Big|_{y=0}^{y=1}=0,\quad w_{0,yy}\Big|_{y=0}^{y=1}=0. \tag{5-8b}$$

$$\begin{aligned}&\varepsilon^1:\ w_{1,T_0T_0}+2\gamma_0 w_{1,xT_0}+\left(\kappa\gamma_0^2-1\right)w_{1,xx}+\zeta\left(w_{1,xxxx}+2\xi^2 w_{1,xxyy}+\xi^4 w_{1,yyyy}\right)\\&=-\Big\{2\left(w_{0,T_0T_1}+\gamma_0 w_{0,xT_1}\right)+(x-1)\omega\gamma_1\cos(\omega t)w_{0,xx}+2\gamma_1\sin(\omega t)w_{0,xT_0}\\&\quad+2\kappa\gamma_0\gamma_1\sin(\omega t)w_{0,xx}+\eta\left[w_{0,xxxxT_0}+2\xi^2 w_{0,xxyyT_0}+\xi^4 w_{0,yyyyT_0}\right.\\&\quad\left.+\gamma_0\left(w_{0,xxxxx}+2\xi^2 w_{0,xxxyy}+\xi^4 w_{0,xyyyy}\right)\right]+c_{\rm d}\left(w_{0,T_0}+k_1\gamma_0 w_{0,x}\right)\Big\}\end{aligned} \tag{5-9a}$$

$$\begin{aligned}&\varepsilon^1:\ w_1\Big|_{x=0}^{x=1}=0,\quad \left[w_{1,xx}+\frac{\eta}{\zeta}\left(w_{0,xxT_0}+\gamma_0 w_{0,xxx}+\frac{\mu\gamma_0}{\xi^2}w_{0,xyy}\right)\right]\Bigg|_{x=0}^{x=1}=0;\\&w_1\Big|_{y=0}^{y=1}=0,\quad \left[w_{1,yy}+\frac{\eta}{\zeta}\left(w_{0,yyT_0}+\gamma_0 w_{0,xyy}\right)\right]\Bigg|_{y=0}^{y=1}=0.\end{aligned} \tag{5-9b}$$

第二节　组合参数共振

引入解谐参数 σ，描述频率 ω 到 $\omega_{kl}+\omega_{k'l'}$ 的距离

$$\omega=\omega_{kl}+\omega_{k'l'}+\varepsilon\sigma \tag{5-10}$$

其中 ω_{kl} 表示第 kl 阶固有频率；$\omega_{k'l'}$ 表示第 $k'l'$ 阶固有频率。方程（5–8a）的解可表示为

$$\begin{aligned}w_0\left(x,y,T_0,T_1\right)=&\psi_{kl}\left(x,y\right)A_{kl}\left(T_1\right)\mathrm{e}^{\mathrm{i}\omega_{kl}T_0}+\psi_{k'l'}\left(x,y\right)A_{k'l'}\left(T_1\right)\mathrm{e}^{\mathrm{i}\omega_{k'l'}T_0}\\&+\psi_{k''l''}\left(x,y\right)A_{k''l''}\left(T_1\right)\mathrm{e}^{\mathrm{i}\omega_{k''l''}T_0}+cc\end{aligned} \tag{5-11}$$

把方程（5–10）和方程（5–11）代入方程（5–8a）中，三角函数和指数变化得到

$$\begin{aligned}&w_{1},_{T_0T_0}+2\gamma_0w_{1},_{xT_0}+\left(\kappa\gamma_0^2-1\right)w_{1},_{xx}+\zeta\left(w_{1},_{xxxx}+2\xi^2w_{1},_{xxyy}+\xi^4w_{1},_{yyyy}\right)\\
&=-\Big\{\eta\Big[\mathrm{i}\omega_{kl}\left(\psi_{kl},_{xxxx}+2\xi^2\psi_{kl},_{xxyy}+\xi^4\psi_{kl},_{yyyy}\right)+\gamma_0\left(\psi_{kl},_{xxxxx}+2\xi^2\psi_{kl},_{xxxyy}+\xi^4\psi_{kl},_{xyyyy}\right)\Big]A_m\\
&\quad+\Big\{0.5\gamma_1\Big[\left(1-x\right)\left(\omega_{kl}+\omega_{k'l'}\right)-2\mathrm{i}\kappa\gamma_0\Big]\bar{\psi}_{k'l'},_{xx}-\omega_{k'l'}\gamma_1\bar{\psi}_{k'l'},_{x}\Big\}\bar{A}_{k'l'}\mathrm{e}^{\mathrm{i}\sigma T_1}\\
&\quad+2\left(\mathrm{i}\omega_{kl}\psi_{kl}+\gamma_0\psi_{kl},_{x}\right)\dot{A}_{kl}+c_{\mathrm{d}}\left(\mathrm{i}\omega_{kl}\psi_{kl}+k_1\gamma_0\psi_{kl},_{x}\right)A_{kl}\Big\}\mathrm{e}^{\mathrm{i}\omega_{kl}T_0}\\
&\quad-\Big\{\eta\Big[\mathrm{i}\omega_{k'l'}\left(\psi_{k'l'},_{xxxx}+2\xi^2\psi_{k'l'},_{xxyy}+\xi^4\psi_{k'l'},_{yyyy}\right)\\
&\quad+\gamma_0\left(\psi_{k'l'},_{xxxxx}+2\xi^2\psi_{k'l'},_{xxxyy}+\xi^4\psi_{k'l'},_{xyyyy}\right)\Big]A_n\\
&\quad+\Big\{0.5\gamma_1\Big[\left(1-x\right)\left(\omega_{kl}+\omega_{k'l'}\right)-2\mathrm{i}\kappa\gamma_0\Big]\bar{\psi}_{kl},_{xx}-\omega_{kl}\gamma_1\bar{\psi}_{kl},_{x}\Big\}\bar{A}_{kl}\mathrm{e}^{\mathrm{i}\sigma T_1}\\
&\quad+2\left(\mathrm{i}\omega_{k'l'}\psi_{k'l'}+\gamma_0\psi_{k'l'},_{x}\right)\dot{A}_{k'l'}+c_{\mathrm{d}}\left(\mathrm{i}\omega_{k'l'}\psi_{k'l'}+k_1\gamma_0\psi_{k'l'},_{x}\right)A_{k'l'}\Big\}\mathrm{e}^{\mathrm{i}\omega_{k'l'}T_0}\\
&\quad-\Big\{\eta\Big[\mathrm{i}\omega_{k''l''}\left(\psi_{k''l''},_{xxxx}+2\xi^2\psi_{k''l''},_{xxyy}+\xi^4\psi_{k''l''},_{yyyy}\right)\\
&\quad+\gamma_0\left(\psi_{k''l''},_{xxxxx}+2\xi^2\psi_{k''l''},_{xxxyy}+\xi^4\psi_{k''l''},_{xyyyy}\right)\Big]A_l\\
&\quad+2\left(\mathrm{i}\omega_{k''l''}\psi_{k''l''}+\gamma_0\psi_{k''l''},_{x}\right)\dot{A}_{k''l''}+c_{\mathrm{d}}\left(\mathrm{i}\omega_{k''l''}\psi_{k''l''}+k_1\gamma_0\psi_{k''l''},_{x}\right)A_l\Big\}\mathrm{e}^{\mathrm{i}\omega_{k''l''}T_0}+cc+NST\end{aligned} \tag{5-12}$$

上式中的“'”和“.”分别表示 x 和慢变时间的导数；NST 表示非久期项。由方程（5–12）的正交性得

$$\begin{aligned}&\Big\langle-\Big\{\eta\Big[\mathrm{i}\omega_{kl}\left(\psi_{kl},_{xxxx}+2\xi^2\psi_{kl},_{xxyy}+\xi^4\psi_{kl},_{yyyy}\right)\\
&+\gamma_0\left(\psi_{kl},_{xxxxx}+2\xi^2\psi_{kl},_{xxxyy}+\xi^4\psi_{kl},_{xyyyy}\Big]A_{kl}\right.\\
&+\Big\{0.5\gamma_1\Big[\left(1-x\right)\left(\omega_{kl}+\omega_{k'l'}\right)-2\mathrm{i}\kappa\gamma_0\Big]\bar{\psi}_{k'l'},_{xx}-\omega_{k'l'}\gamma_1\bar{\psi}_{k'l'},_{x}\Big\}\bar{A}_{k'l'}\mathrm{e}^{\mathrm{i}\sigma T_1}\\
&+2\left(\mathrm{i}\omega_{kl}\psi_{kl}+\gamma_0\psi_{kl},_{x}\right)\dot{A}_{kl}+c\left(\mathrm{i}\omega_{kl}\psi_{kl}+k_1\gamma_0\psi_{kl},_{x}\right)A_{kl}\Big\},\psi_{kl}\Big\rangle=0\end{aligned} \tag{5-13a}$$

$$\begin{aligned}&\Big\langle-\Big\{\eta\Big[\mathrm{i}\,\omega_{k'l'}\Big(\psi_{k'l',xxxx}+2\xi^2\psi_{k'l',xxyy}+\xi^4\psi_{k'l',yyyy}\Big)\\&+\gamma_0\Big(\psi_{k'l',xxxxx}+2\xi^2\psi_{k'l',xxxyy}+\xi^4\psi_{k'l',xyyyy}\Big)\Big]A_n\\&+\Big\{0.5\gamma_1\Big[(1-x)\big(\omega_{kl}+\omega_{k'l'}\big)-2\mathrm{i}\,\kappa\gamma_0\Big]\bar{\psi}_{kl},_{xx}-\omega_{kl}\gamma_1\bar{\psi}_{m},_{x}\Big\}\bar{A}_{kl}\,\mathrm{e}^{\mathrm{i}\sigma T_1}\\&+2\big(\mathrm{i}\,\omega_{k'l'}\psi_{k'l'}+\gamma_0\psi_{k'l',x}\big)\dot{A}_{k'l'}+c\big(\mathrm{i}\,\omega_{k'l'}\psi_{k'l'}+k_1\gamma_0\psi_{k'l',x}\big)A_{k'l'}\Big\},\ \psi_{k'l'}\Big\rangle=0\end{aligned}\tag{5-13b}$$

$$\begin{aligned}&\Big\langle-\Big\{\eta\Big[\mathrm{i}\,\omega_{k''l''}\Big(\psi_{k''l'',xxxx}+2\xi^2\psi_{k''l'',xxyy}+\xi^4\psi_{k''l'',yyyy}\Big)+\gamma_0\Big(\psi_{k''l'',xxxxx}\\&+2\xi^2\psi_{k''l'',xxxyy}+\xi^4\psi_{k''l'',xyyyy}\Big)\Big]A_{k''l''}+2\big(\mathrm{i}\,\omega_{k''l''}\psi_{k''l''}+\gamma_0\psi_{k''l'',x}\big)\dot{A}_{k''l''}\\&+c\big(\mathrm{i}\,\omega_{k''l''}\psi_{k''l''}+k_1\gamma_0\psi_{k''l'',x}\big)A_{k''l''}\Big\},\psi_{k''l''}\Big\rangle=0\end{aligned}\tag{5-13c}$$

其中复函数f和g的内积在$x\in[0,\ 1]$上的定义为（$E\in R^n$，n=1，2，3），$\langle f,g\rangle=\int_E f\bar{g}\,\mathrm{d}x$

设方程（5–13）的解可表示为

$$\begin{aligned}w_1(x,y,T_0,T_1)=\varphi_{kl}(x,y,T_1)\mathrm{e}^{\mathrm{i}\omega_{kl}T_0}+\varphi_{k'l'}(x,y,T_1)\mathrm{e}^{\mathrm{i}\omega_{k'l'}T_0}\\+\varphi_{k''l''}(x,y,T_1)\mathrm{e}^{\mathrm{i}\omega_{k''l''}T_0}+N(x,y,T_0,T_1)+cc\end{aligned}\tag{5-14}$$

根据方程（5–14），非齐次边界条件（5–9b）下的φ_i（$i=kl$，$k'l'$，$k''l''$）和边界条件ψ_i（x）不同。方程（5–14）代入方程（5–13）中，在结果中均衡系数 exp（$\mathrm{i}\omega_{kl}T_0$）、exp（$\mathrm{i}\omega_{k'l'}T_0$）和 exp（$\mathrm{i}\omega_{k''l''}T_0$），得到

$$\begin{aligned}&\Big\langle-\omega_{kl}^2\varphi_{kl}+2\mathrm{i}\gamma_0\omega_{kl}\varphi_{kl},_x+\big(\kappa\gamma_0^2-1\big)\varphi_{kl},_{xx}\\&+\zeta\Big(\varphi_{kl},_{xxxx}+2\xi^2\varphi_{kl},_{xxyy}+\xi^4\varphi_{kl},_{yyyy}\Big),\psi_{kl}\Big\rangle\\&=\Big\langle-\Big\{\eta\Big[\mathrm{i}\,\omega_{kl}\Big(\psi_{kl},_{xxxx}+2\xi^2\psi_{kl},_{xxyy}+\xi^4\psi_{kl},_{yyyy}\Big)\\&\quad+\gamma_0\Big(\psi_{kl},_{xxxxx}+2\xi^2\psi_{kl},_{xxxyy}+\xi^4\psi_{kl},_{xyyyy}\Big)\Big]A_{kl}\\&\quad+\Big\{0.5\gamma_1\Big[(1-x)\big(\omega_{kl}+\omega_{k'l'}\big)-2\mathrm{i}\,\kappa\gamma_0\Big]\bar{\psi}_{k'l'},_{xx}-\omega_{k'l'}\gamma_1\bar{\psi}_{k'l'},_x\Big\}\bar{A}_{k'l'}\,\mathrm{e}^{\mathrm{i}\sigma T_1}\\&\quad+2\big(\mathrm{i}\,\omega_{kl}\psi_{kl}+\gamma_0\psi_{kl},_x\big)\dot{A}_{kl}+c\big(\mathrm{i}\,\omega_{kl}\psi_{kl}+k_1\gamma_0\psi_{kl},_x\big)A_{kl}\Big\},\psi_{kl}\Big\rangle\end{aligned}\tag{5-15a}$$

$$\begin{aligned}&\Big\langle-\omega_{k'l'}^2\varphi_{k'l'}+2\mathrm{i}\,\gamma_0\omega_{k'l'}\varphi_{k'l'},_x+\big(\kappa\gamma_0^2-1\big)\varphi_{k'l'},_{xx}\\&+\zeta\Big(\varphi_{k'l'},_{xxxx}+2\xi^2\varphi_{k'l'},_{xxyy}+\xi^4\varphi_{k'l'},_{yyyy}\Big),\psi_{k'l'}\Big\rangle\\&=\Big\langle-\Big\{\eta\Big[\mathrm{i}\,\omega_{k'l'}\Big(\psi_{k'l'},_{xxxx}+2\xi^2\psi_{k'l'},_{xxyy}+\xi^4\psi_{k'l'},_{yyyy}\Big)\\&\quad+\gamma_0\Big(\psi_{k'l'},_{xxxxx}+2\xi^2\psi_{k'l'},_{xxxyy}+\xi^4\psi_{k'l'},_{xyyyy}\Big)\Big]A_{k'l'}\\&\quad+\Big\{0.5\gamma_1\Big[(1-x)\big(\omega_{kl}+\omega_{k'l'}\big)-2\mathrm{i}\,\kappa\gamma_0\Big]\bar{\psi}_{kl},_{xx}-\omega_{kl}\gamma_1\bar{\psi}_{kl},_x\Big\}\bar{A}_{kl}\,\mathrm{e}^{\mathrm{i}\sigma T_1}\\&\quad+2\big(\mathrm{i}\,\omega_{k'l'}\psi_{k'l'}+\gamma_0\psi_{k'l'},_x\big)\dot{A}_{k'l'}+c\big(\mathrm{i}\,\omega_{k'l'}\psi_{k'l'}+k_1\gamma_0\psi_{k'l'},_x\big)A_{k'l'}\Big\},\ \psi_{k'l'}\Big\rangle\end{aligned}\tag{5-15b}$$

$$
\begin{aligned}
&\Big\langle -\omega_{k''l''}^2\varphi_{k''l''}+2\mathrm{i}\gamma_0\omega_{k''l''}\varphi_{k''l''},_x+\left(\kappa\gamma_0^2-1\right)\varphi_{k''l''},_{xx}\\
&+\zeta\left(\varphi_{k''l''},_{xxxx}+2\xi^2\varphi_{k''l''},_{xxyy}+\xi^4\varphi_{k''l''},_{yyyy}\right),\psi_{k''l''}\Big\rangle\\
&=\Big\langle -\Big\{\eta\Big[\mathrm{i}\omega_{k''l''}\left(\psi_{k''l''},_{xxxx}+2\xi^2\psi_{k''l''},_{xxyy}+\xi^4\psi_{k''l''},_{yyyy}\right)\\
&\quad+\gamma_0\left(\psi_{k''l''},_{xxxxx}+2\xi^2\psi_{k''l''},_{xxxyy}+\xi^4\psi_{k''l''},_{xyyyy}\right)\Big]A_{k''l''}\\
&\quad+2\left(\mathrm{i}\omega_{k''l''}\psi_{k''l''}+\gamma_0\psi_{k''l''},_x\right)\dot{A}_{k''l''}+c\left(\mathrm{i}\omega_{k''l''}\psi_{k''l''}+k_1\gamma_0\psi_{k''l''},_x\right)A_{k''l''}\Big\},\psi_{k''l''}\Big\rangle
\end{aligned}
\tag{5-15c}
$$

由方程（5-8b）、方程（5-9b）和分配律可以得到

$$
\begin{aligned}
&\left(\int_0^1\eta\gamma_0\psi_{kl},_{xxx}\bar{\psi}_{kl},_x\Big|_{x=0}^{x=1}\mathrm{d}y+\int_0^1\frac{\mu\eta\gamma_0}{\xi^2}\psi_{kl},_{xyy}\bar{\psi}_{kl},_x\Big|_0^1\mathrm{d}y+\int_0^1\eta\gamma_0\psi_{kl},_{yyy}\bar{\psi}_{kl},_y\Big|_0^1\mathrm{d}x\right)A_{kl}\\
&=\Big\langle -\Big\{\eta\Big[\mathrm{i}\omega_{kl}\left(\psi_{kl},_{xxxx}+2\xi^2\psi_{kl},_{xxyy}+\xi^4\psi_{kl},_{yyyy}\right)\\
&\quad+\gamma_0\left(\psi_{kl},_{xxxxx}+2\xi^2\psi_{kl},_{xxxyy}+\xi^4\psi_{kl},_{xyyyy}\right)\Big]A_{kl}\\
&\quad+\Big\{0.5\gamma_1\Big[(1-x)\left(\omega_{kl}+\omega_{k'l'}\right)-2\mathrm{i}\kappa\gamma_0\Big]\bar{\psi}_{k'l'},_{xx}-\omega_{k'l'}\gamma_1\bar{\psi}_{k'l'},_x\Big\}\bar{A}_{k'l'}\,\mathrm{e}^{\mathrm{i}\sigma T_1}\\
&\quad+2\left(\mathrm{i}\omega_{kl}\psi_{kl}+\gamma_0\psi_{kl},_x\right)\dot{A}_{kl}+c\left(\mathrm{i}\omega_{kl}\psi_{kl}+k_1\gamma_0\psi_{kl},_x\right)A_{kl}\Big\},\psi_{kl}\Big\rangle
\end{aligned}
\tag{5-16a}
$$

$$
\begin{aligned}
&\left(\int_0^1\eta\gamma_0\psi_{k'l'},_{xxx}\bar{\psi}_{k'l'},_x\Big|_0^1\mathrm{d}y+\int_0^1\frac{\mu\eta\gamma_0}{\xi^2}\psi_{k'l'},_{xyy}\bar{\psi}_{k'l'},_x\Big|_0^1\mathrm{d}y+\int_0^1\eta\gamma_0\psi_{k'l'},_{yyy}\bar{\psi}_{k'l'},_y\Big|_0^1\mathrm{d}x\right)A_{k'l'}\\
&=\Big\langle -\Big\{\eta\Big[\mathrm{i}\omega_{k'l'}\left(\psi_{k'l'},_{xxxx}+2\xi^2\psi_{k'l'},_{xxyy}+\xi^4\psi_{k'l'},_{yyyy}\right)\\
&\quad+\gamma_0\left(\psi_{k'l'},_{xxxxx}+2\xi^2\psi_{k'l'},_{xxxyy}+\xi^4\psi_{k'l'},_{xyyyy}\right)\Big]A_{k'l'}\\
&\quad+\Big\{0.5\gamma_1\Big[(1-x)\left(\omega_{kl}+\omega_{k'l'}\right)-2\mathrm{i}\kappa\gamma_0\Big]\bar{\psi}_{kl},_{xx}-\omega_{kl}\gamma_1\bar{\psi}_{kl},_x\Big\}\bar{A}_{kl}\,\mathrm{e}^{\mathrm{i}\sigma T_1}\\
&\quad+2\left(\mathrm{i}\omega_{k'l'}\psi_{k'l'}+\gamma_0\psi_{k'l'},_x\right)\dot{A}_{k'l'}+c\left(\mathrm{i}\omega_{k'l'}\psi_{k'l'}+k_1\gamma_0\psi_{k'l'},_x\right)A_{k'l'}\Big\},\psi_{k'l'}\Big\rangle
\end{aligned}
\tag{5-16b}
$$

$$
\begin{aligned}
&\left(\int_0^1\eta\gamma_0\psi_{k''l''},_{xxx}\bar{\psi}_{k''l''},_x\Big|_0^1\mathrm{d}x+\int_0^1\frac{\mu\eta\gamma_0}{\xi^2}\psi_{k''l''},_{xyy}\bar{\psi}_{k''l''},_x\Big|_0^1\mathrm{d}x+\int_0^1\eta\gamma_0\psi_{k''l''},_{yyy}\bar{\psi}_{k''l''},_y\Big|_0^1\mathrm{d}y\right)A_{k''l''}\\
&=\Big\langle -\Big\{\eta\Big[\mathrm{i}\omega_{k''l''}\left(\psi_{k''l''},_{xxxx}+2\xi^2\psi_{k''l''},_{xxyy}+\xi^4\psi_{k''l''},_{yyyy}\right)\\
&\quad+\gamma_0\left(\psi_{k''l''},_{xxxxx}+2\xi^2\psi_{k''l''},_{xxxyy}+\xi^4\psi_{k''l''},_{xyyyy}\right)\Big]A_{k''l''}\\
&\quad+2\left(\mathrm{i}\omega_{k''l''}\psi_{k''l''}+\gamma_0\psi_{k''l''},_x\right)\dot{A}_{k''l''}+c\left(\mathrm{i}\omega_{k''l''}\psi_{k''l''}+k_1\gamma_0\psi_{k''l''},_x\right)A_{k''l''}\Big\},\psi_{k''l''}\Big\rangle
\end{aligned}
\tag{5-16c}
$$

应用内积分配律的性质，方程（5-16）可以表示为

$$
\dot{A}_{kl},_{T_1}+\gamma_1c_{kl}\bar{A}_{k'l'}\,\mathrm{e}^{\mathrm{i}\sigma T_1}+\left(\eta d_{kl}+c_{\mathrm{d}}f_{kl}\right)A_{kl}=0
\tag{5-17a}
$$

$$
\dot{A}_{k'l'},_{T_1}+\gamma_1c_{k'l'}\bar{A}_{kl}\,\mathrm{e}^{\mathrm{i}\sigma T_1}+\left(\eta d_{k'l'}+c_{\mathrm{d}}f_{k'l'}\right)A_{k'l'}=0
\tag{5-17b}
$$

$$\dot{A}_{k''l'',T_1}+\left(\eta d_{k''l''}+c_{\mathrm{d}}f_{k''l''}\right)A_{k''l''}=0 \tag{5-17c}$$

其中

$$\begin{aligned}c_h=&\left\{0.5\left(\omega_h+\omega_s\right)\int_0^1\int_0^1(1-x)\bar{\psi}_{s,xx}\bar{\psi}_h\mathrm{d}x\mathrm{d}y-\mathrm{i}\kappa\gamma_0\int_0^1\int_0^1\bar{\psi}_{s,xx}\bar{\psi}_h\mathrm{d}x\mathrm{d}y\right.\\&\left.-\omega_s\int_0^1\int_0^1\bar{\psi}_{s,x}\bar{\psi}_h\mathrm{d}x\mathrm{d}y\right\}\Big/2\left(\mathrm{i}\omega_h\int_0^1\int_0^1\psi_h\bar{\psi}_h\mathrm{d}x\mathrm{d}y+\gamma_0\int_0^1\int_0^1\psi_{h,x}\bar{\psi}_h\mathrm{d}x\mathrm{d}y\right)\\&\left(If\ h=kl,s=k'l';if\ h=k'l',s=kl\right)\end{aligned} \tag{5-18a}$$

$$\begin{aligned}d_h=&\left[\mathrm{i}\omega_h\left(\int_0^1\int_0^1\psi_{h,xxxx}\bar{\psi}_h\mathrm{d}x\mathrm{d}y+2\xi^2\int_0^1\int_0^1\psi_{h,xxyy}\bar{\psi}_h\mathrm{d}x\mathrm{d}y+\xi^4\int_0^1\int_0^1\psi_{h,yyyy}\bar{\psi}_h\mathrm{d}x\mathrm{d}y\right)\right.\\&+\gamma_0\left(\int_0^1\int_0^1\psi_{h,xxxxx}\bar{\psi}_h\mathrm{d}x\mathrm{d}y+2\xi^2\int_0^1\int_0^1\psi_{h,xxxyy}\bar{\psi}_h\mathrm{d}x\mathrm{d}y+\xi^4\int_0^1\int_0^1\psi_{h,xyyyy}\bar{\psi}_h\mathrm{d}x\mathrm{d}y\right)\\&\left.+\left(\int_0^1\psi_{h,xxx}\bar{\psi}_{h,x}\Big|_{x=0}^{x=1}\mathrm{d}y+\int_0^1\frac{\mu}{\xi^2}\psi_{h,xyy}\bar{\psi}_{h,x}\Big|_0^1\mathrm{d}y+\int_0^1\psi_{h,yyy}\bar{\psi}_{h,y}\Big|_0^1\mathrm{d}x\right)\right]\Big/\\&\left[2\left(\mathrm{i}\omega_h\int_0^1\int_0^1\psi_h\bar{\psi}_h\mathrm{d}x\mathrm{d}y+\gamma_0\int_0^1\int_0^1\psi_{h,x}\bar{\psi}_h\mathrm{d}x\mathrm{d}y\right)\right]\\&\left(h=kl,k'l',k''l''\right)\end{aligned} \tag{5-18b}$$

$$\begin{aligned}f_h=&\left(\int_0^1\int_0^1\mathrm{i}\omega_h\psi_h\bar{\psi}_h\mathrm{d}x\mathrm{d}y+\int_0^1\int_0^1k_1\gamma_0\psi_{h,x}\bar{\psi}_h\mathrm{d}x\mathrm{d}y\right)\Big/\\&\left[2\left(\mathrm{i}\omega_h\int_0^1\int_0^1\psi_h\bar{\psi}_h\mathrm{d}x\mathrm{d}y+\gamma_0\int_0^1\int_0^1\psi_{h,x}\bar{\psi}_h\mathrm{d}x\mathrm{d}y\right)\right]\\&\left(h=kl,k'l',k''l''\right)\end{aligned} \tag{5-18c}$$

若设置参数时，数值结果表明 d_h 和 $c_h\bar{c}_s$ 为正实数，c_h 为复数。

显然，方程（5–17a）和方程（5–17b）有零解。为了研究系统的稳态响应和零解的稳定性，将方程（5–17a）和方程（5–17b）转换成自治方程组。故引入

$$A_{kl}=\left[p_1(T_1)+\mathrm{i}q_1(T_1)\right]\mathrm{e}^{0.5\mathrm{i}\sigma T_1},\ A_{k'l'}=\left[p_2(T_1)+\mathrm{i}q_2(T_1)\right]\mathrm{e}^{0.5\mathrm{i}\sigma T_1} \tag{5-19}$$

其中 p_h 和 q_h（h=1，2）是 T_1 的实函数。把方程（5–19）代入方程（5–17a）和方程（5–17b）中，利用三角运算法则，分别求出结果中的实部和虚部，整理得到

$$\begin{aligned}\dot{p}_1&=-\left(\eta d_{kl}+c_{\mathrm{d}}f_{kl}\right)p_1+0.5\sigma q_1-\gamma_1\operatorname{Re}\left(c_{kl}\right)p_2-\gamma_1\operatorname{Im}\left(c_{kl}\right)q_2\\\dot{q}_1&=-0.5\sigma p_1-\left(\eta d_{kl}+c_{\mathrm{d}}f_{kl}\right)q_1-\gamma_1\operatorname{Im}\left(c_{kl}\right)p_2+\gamma_1\operatorname{Re}\left(c_{kl}\right)q_2\\\dot{p}_2&=-\gamma_1\operatorname{Re}\left(c_{k'l'}\right)p_1-\gamma_1\operatorname{Im}\left(c_{k'l'}\right)q_1-\left(\eta d_{k'l'}+c_{\mathrm{d}}f_{k'l'}\right)p_2+0.5\sigma q_2\\\dot{q}_2&=-\gamma_1\operatorname{Im}\left(c_{k'l'}\right)p_1+\gamma_1\operatorname{Re}\left(c_{k'l'}\right)q_1-0.5\sigma p_2-\left(\eta d_{k'l'}+c_{\mathrm{d}}f_{k'l'}\right)q_2\end{aligned} \tag{5-20}$$

方程（5–20）的系数矩阵特征方程为

$$\begin{bmatrix} -(\eta d_{kl}+c_{\rm d}f_{kl})-\lambda & 0.5\sigma & -\gamma_1\,{\rm Re}(c_{kl}) & -\gamma_1\,{\rm Im}(c_{kl}) \\ -0.5\sigma & -(\eta d_{kl}+c_{\rm d}f_{kl})-\lambda & -\gamma_1\,{\rm Im}(c_{kl}) & \gamma_1\,{\rm Re}(c_{kl}) \\ -\gamma_1\,{\rm Re}(c_{k'l'}) & -\gamma_1\,{\rm Im}(c_{k'l'}) & -(\eta d_{k'l'}+c_{\rm d}f_{k'l'})-\lambda & 0.5\sigma \\ -\gamma_1\,{\rm Im}(c_{k'l'}) & \gamma_1\,{\rm Re}(c_{k'l'}) & -0.5\sigma & -(\eta d_{k'l'}+c_{\rm d}f_{k'l'})-\lambda \end{bmatrix}=0 \quad (5\text{–}21)$$

计算其系数矩阵的行列式可解得

$$\lambda^4+\beta_1\lambda^3+\beta_2\lambda^2+\beta_3\lambda+\beta_4=0 \quad (5\text{–}22)$$

其中

$$\begin{aligned} &D_{kl}=d_{kl}+f_{kl}\,c_{\rm d}/\eta,\ D_{k'l'}=d_{k'l'}+f_{k'l'}\,c_{\rm d}/\eta, \\ &\beta_1=2\eta(D_{kl}+D_{k'l'}), \\ &\beta_2=0.5\sigma^2-2\gamma_1^2\,{\rm Re}(c_{kl}\bar{c}_{k'l'})+\eta^2(D_{kl}^2+4D_{kl}D_{k'l'}+D_{k'l'}^2), \\ &\beta_3=0.5\eta\left[\sigma^2+4\eta^2D_{kl}D_{k'l'}-4\gamma_1^2\,{\rm Re}(c_{kl}\bar{c}_{k'l'})\right](D_{kl}+D_{k'l'}), \\ &\beta_4=0.0625(\sigma^2+4\eta^2D_{kl}^2)(\sigma^2+4\eta^2D_{k'l'}^2)-0.5\,{\rm Re}(c_{kl}\bar{c}_{k'l'}) \\ &\qquad (\sigma^2+4\eta^2D_{kl}D_{k'l'})\gamma_1^2+|c_{kl}|^2|c_{k'l'}|^2\gamma_1^4. \end{aligned} \quad (5\text{–}23)$$

若代数方程（5–22）的所有根均有负实部，则 Routh-Hurwitz 行列式全部大于零

$$\Delta_1=\beta_1>0;\ \Delta_2=\begin{vmatrix}\beta_1 & 1\\ \beta_3 & \beta_2\end{vmatrix}>0,\ \Delta_3=\begin{vmatrix}\beta_1 & 1 & 0\\ \beta_3 & \beta_2 & \beta_1\\ 0 & \beta_4 & \beta_3\end{vmatrix}>0,\ \Delta_4=\beta_4>0 \quad (5\text{–}24)$$

其中

$$\begin{aligned} &\Delta_2=0.5\eta(D_m+D_n)\left[\sigma^2+4\eta^2(D_m^2+3D_mD_n+D_n^2)-4\,{\rm Re}(c_m\bar{c}_n)\gamma_1^2\right] \\ &\Delta_3=4\eta^4(D_m+D_n)^2\left\{d_md_n\left[\sigma^2+\eta^2(D_m+D_n)^2\right]-{\rm Re}(c_m\bar{c}_n)\cdot(D_m+D_n)^2\gamma_1^2\right\} \\ &\Delta_4=0.0625(\sigma^2+4\eta^2D_m^2)(\sigma^2+4\eta^2D_n^2)-0.5\,{\rm Re}(c_m\bar{c}_n)\cdot \\ &\qquad(\sigma^2+4\eta^2D_mD_n)\gamma_1^2+|c_m|^2|c_n|^2\gamma_1^4 \end{aligned} \quad (5\text{–}25)$$

则，方程（5–17a）和方程（5–17b）有稳定零解的条件为

$$|\gamma_1|<\gamma_{\min}=\min\left[\gamma^{(2)},\gamma^{(3)},\gamma^{(4)}\right] \quad (5\text{–}26)$$

其中

$$\gamma^{(2)}=\sqrt{\frac{\sigma^2+4\eta^2\left(D_m^2+3D_mD_n+D_n^2\right)}{4\mathrm{Re}\left(c_{kl}\bar{c}_{k'l'}\right)}}$$

$$\gamma^{(3)}=\sqrt{\frac{D_mD_n\left[\sigma^2+\eta^2\left(D_m+D_n\right)^2\right]}{\mathrm{Re}\left(c_{kl}\bar{c}_{k'l'}\right)\left(D_m+D_n\right)^2}} \tag{5-27}$$

$$\gamma^{(4)}=\left\{\left[\mathrm{Re}^2\left(c_{kl}\bar{c}_{k'l'}\right)\left(\sigma^2+4\eta^2D_mD_n\right)^2-\left(\sigma^2+4\eta^2D_m^2\right)\left(\sigma^2+4\eta^2D_n^2\right)\cdot\right.\right.$$
$$\left.\left.\left|c_{kl}\right|^2\left|c_{k'l'}\right|^2\right]^{0.5}+\mathrm{Re}\left(c_{kl}\bar{c}_{k'l'}\right)\left(\sigma^2+4\eta^2D_mD_n\right)\right\}^{0.5}\Big/\left(2\left|c_{kl}\right|\left|c_{k'l'}\right|\right)$$

若令 $\eta=0.0001$、$c_d=0.1$、$\kappa=0.5$、$\xi=1$、$\zeta=1$、$k_1=1$ 和 $\gamma_0=3$，系统的前四阶固有频率分别为 $\omega_{11}=17.70720025$、$\omega_{12}=48.10593776$、$\omega_{21}=47.36835024$ 和 $\omega_{22}=77.44589856$。

图 5–1 分别给出了在不同黏弹性系数下，第一和第二阶及第三和第四阶模态的和式组合参数共振的失稳区域。在图 5–1 中，实线采用的参数为 $c_{\mathrm{d}}=0.1$、$\kappa=0.5$、$\xi=1$、$\zeta=1$、$k_1=1$、$\gamma_0=3$ 和 $\eta=0$；虚线采用的参数为 $c_{\mathrm{d}}=0.1$、$\kappa=0.5$、$\xi=1$、$\zeta=1$、$k_1=1$、$\gamma_0=3$ 和 $\eta=0.0001$；点划线采用的参数为 $c_{\mathrm{d}}=0.1$、$\kappa=0.5$、$\xi=1$、$\zeta=1$、$k_1=1$、$\gamma_0=3$ 和 $\eta=0.0002$。观察图 5–1 可以看出，若设置 σ 值时，黏弹性系数越大，则稳定范围也越大；而设置 γ_1 值时，失稳范围减小。

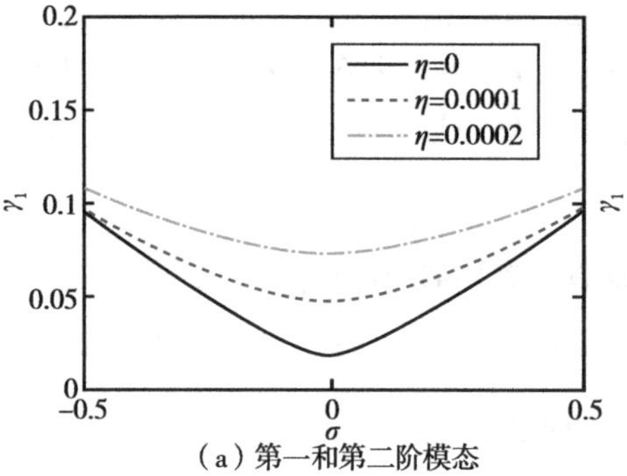

（a）第一和第二阶模态

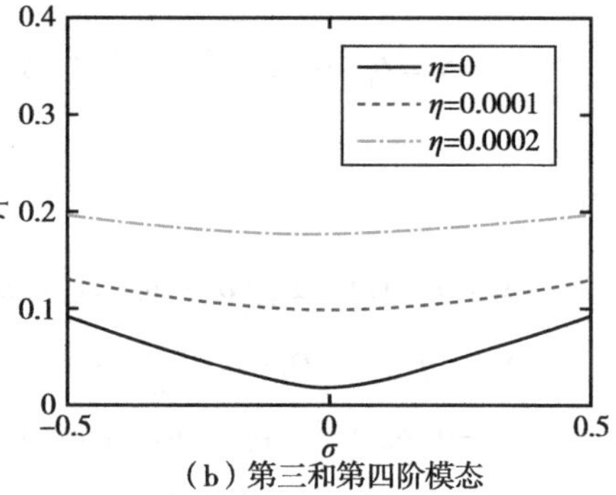

（b）第三和第四阶模态

图 5–1 不同黏弹性系数对和式组合参数共振失稳区域的影响

图 5–2 分别给出了在不同黏性阻尼系数下，第一和第二阶及第三和第四阶模态的和式组合参数共振的失稳区域。在图 5–2 中，实线采用的参数为 $\eta=0.0001$、$\kappa=0.5$、$\xi=1$、$\zeta=1$、$k_1=1$、$\gamma_0=3$ 和 $c_{\mathrm{d}}=0$；虚线采用的参数为 $\eta=0.0001$、$\kappa=0.5$、$\xi=1$、$\zeta=1$、$k_1=1$、$\gamma_0=3$ 和 $c_{\mathrm{d}}=0.01$；点划线采用的参数为

$\eta=0.0001$、$\kappa=0.5$、$\xi=1$、$\zeta=1$、$k_1=1$、$\gamma_0=3$ 和 $c_d=0.01$。观察图 5-2 中可以看出，若设置 σ 值时，黏性阻尼系数越大，则稳定范围也越大；而设置 γ_1 值时，失稳范围减小。

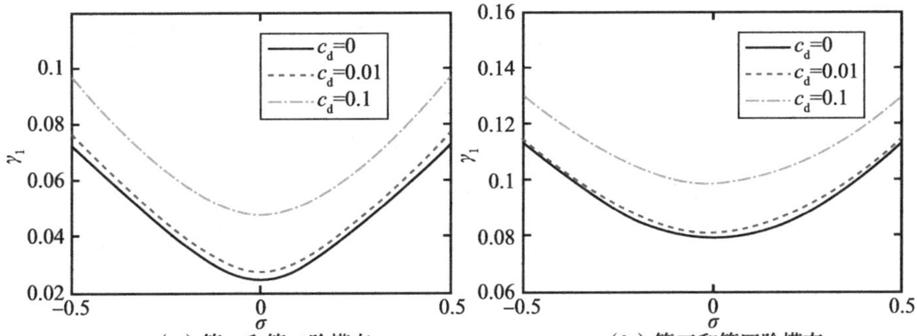

（a）第一和第二阶模态　（b）第三和第四阶模态

图 5-2　不同黏性阻尼系数对和式组合参数共振失稳区域的影响

图 5-3 分别给出了在不同稳定边界条件 k_1 下，第一和第二阶及第三和第四阶模态的和式组合参数共振的失稳区域。在图 5-3 中，实线采用的参数为 $\eta=0.0001$、$c_d=0.1$、$\kappa=0.5$、$\xi=1$、$\zeta=1$、$\gamma_0=3$ 和 $k_1=0$；虚线采用的参数为 $\eta=0.0001$、$c_d=0.1$、$\kappa=0.5$、$\xi=1$、$\zeta=1$、$\gamma_0=3$ 和 $k_1=1$。$k_1=0$ 代表偏导模型；$k_1=1$ 代表全导模型。观察图 5-3 可以看出，若设置值时，全导模型的稳定性范围比偏导模型的稳定性范围大；而设置 γ_1 值时，偏导模型的稳定性范围比全导模型的稳定性范围大。

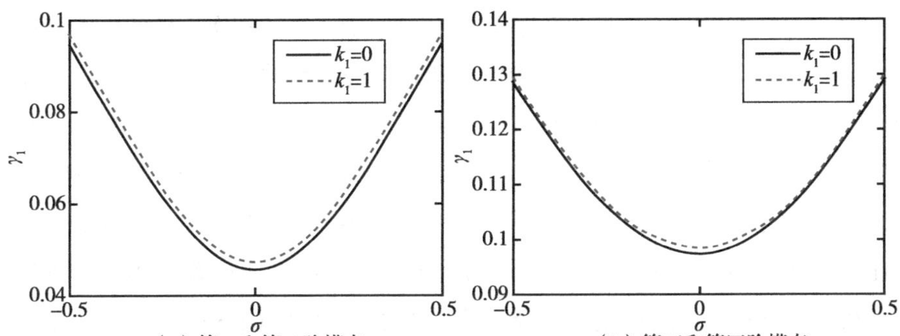

（a）第一和第二阶模态　（b）第三和第四阶模态

图 5-3　不同稳定边界条件 k_1 对和式组合参数共振失稳区域的影响

图 5-4 给出了不同模型前两阶模态组合参数共振的失稳区域。其中点线表

示的 model 1 对应方程（5–1）；点划线表示的 model 2 对应控制方程中黏弹性等于零的情况；虚线表示的 model 3 对应控制方程中 $N_{x1}=N_{x0}+\alpha\rho\gamma^2$ 的情况；实线表示的 model 4 对应控制方程中黏弹性等于零并省掉轴向变张力的情况。其参数设置为 $\eta=0.0001$、$c_d=0.1$、$\kappa=0.5$、$\xi=1$、$\zeta=1$、$k_1=1$ 和 $\gamma_0=3$。观察图 5–4 可以看出，纵向变张力对失稳区域有相当大的影响。若设置 σ 值并考虑纵向变张力时，则稳定范围减小；而设置 γ_1 值时，失稳范围增大。因此，在以往的研究中，忽略纵向变张力的做法对失稳区域的预测不够安全。此外，从图 5–4 中还可以看出，支撑刚度参数的变化对失稳区域几乎没有影响，特别是考虑纵向变张力时。若考虑纵向变张力，并设置 σ 值时，支撑刚度参数越大，稳定范围也越大，而设置 γ_1 值时，变化趋势相反；若不考虑纵向变张力时，趋势正好与之前相反。

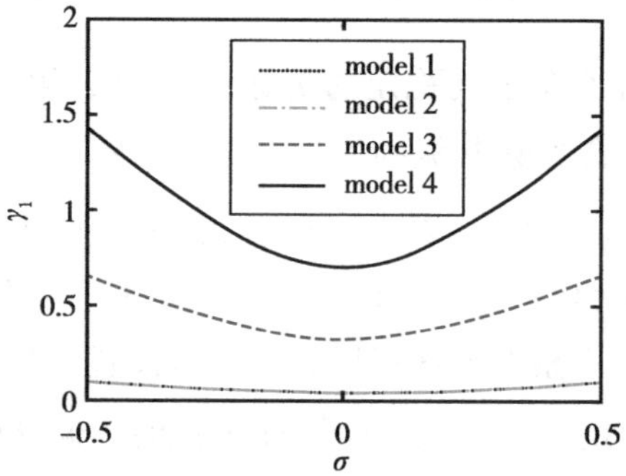

图 5–4　不同模型前两阶模态和式组合参数共振的失稳区域

图 5–5 分别给出了在非齐次边界条件（RNHBC）和齐次边界条件（RHBC）下，第一和第二阶及第三和第四阶模态和式组合参数共振的失稳区域。其中实线表示非齐次边界条件（RNHBC），虚线表示齐次边界条件（RHBC）。在图 5–5 中，采用的参数为 $\eta=0.0001$、$c_d=0.1$、$\kappa=0.5$、$\xi=1$、$\zeta=1$、$k_1=1$ 和 $\gamma_0=3$。观察图 5–5 可以看出，若设置 σ 值时，齐次边界条件（RHBC）下的稳定性范围比非齐次边界条件（RNHBC）下的稳定性范围小；而设置 γ_1 值时，齐次边界条件（RHBC）下的稳定性范围比非齐次边界条件（RNHBC）下的稳定性范围大。

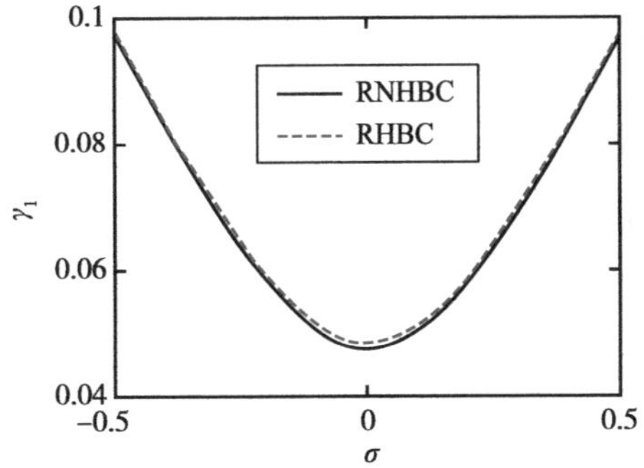

（a）第一和第二阶模态

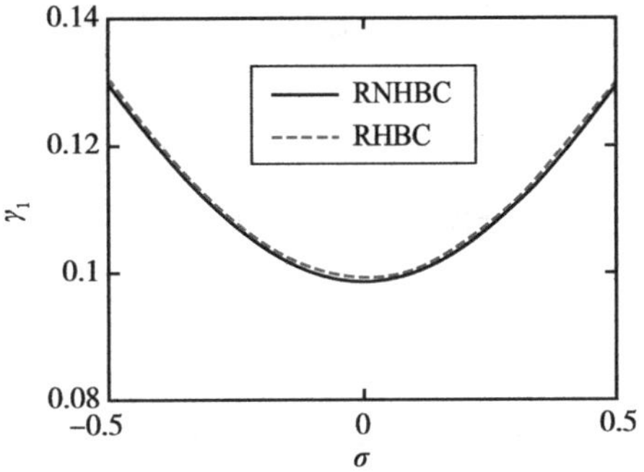

（b）第三和第四阶模态

图 5-5　不同边界条件对和式组合参数共振失稳区域的影响

第三节　主共振

引入解谐参数 σ，表述频率 ω 到 $2\omega_{kl}$ 的距离

$$\omega = 2\omega_{kl} + \varepsilon\sigma \tag{5-28}$$

其中 ω_{kl} 表示第 kl 阶固有频率。方程（4.27a）的解可表示为

$$\begin{aligned} &w_0\left(x,y,T_0,T_1\right)=\psi_{kl}\left(x,y\right)A_{kl}\left(T_1\right)\mathrm{e}^{\mathrm{i}\omega_{kl}T_0}+cc \\ &w_1\left(x,y,T_0,T_1\right)=\varphi_{kl}\left(x,y,T_1\right)\mathrm{e}^{\mathrm{i}\omega_{kl}T_0}+N\left(x,y,T_0,T_1\right)+\mathrm{cc} \end{aligned} \tag{5-29}$$

把方程（5-28）和（5-29）代入方程（5-9a）中，利用三角变换和指数变化整理得到

$$\begin{aligned} &\Big\langle -\omega_{kl}^2\varphi_{kl}+2\mathrm{i}\gamma_0\omega_{kl}\varphi_{kl,x}+\left(\kappa\gamma_0^2-1\right)\varphi_{kl,xx} \\ &+\zeta\left(\varphi_{kl,xxxx}+2\xi^2\varphi_{kl,xxyy}+\xi^4\varphi_{kl,yyyy}\right),\psi_{kl}\Big\rangle \\ &=\Big\langle -\Big\{\eta\Big[\mathrm{i}\omega_{kl}\left(\psi_{kl,xxxx}+2\xi^2\psi_{kl,xxyy}+\xi^4\psi_{kl,yyyy}\right) \\ &\quad+\gamma_0\left(\psi_{kl,xxxxx}+2\xi^2\psi_{kl,xxxyy}+\xi^4\psi_{kl,xyyyy}\right)\Big]A_{kl} \\ &\quad+\left\{\gamma_1\left[\left(1-x\right)\omega_{kl}-\mathrm{i}\kappa\gamma_0\right]\bar{\psi}_{kl,xx}-\omega_{kl}\gamma_1\bar{\psi}_{kl,x}\right\}\bar{A}_{kl}\,\mathrm{e}^{\mathrm{i}\sigma T_1} \\ &\quad+2\left(\mathrm{i}\omega_{kl}\psi_{kl}+\gamma_0\psi_{kl,x}\right)\dot{A}_{kl}+c\left(\mathrm{i}\omega_{kl}\psi_{kl}+k_1\gamma_0\psi_{kl,x}\right)A_{kl}\Big\},\psi_{kl}\Big\rangle \end{aligned} \tag{5-30}$$

整理方程（5-30）得到

$$\begin{aligned}&\left(\int_0^1\eta\gamma_0\psi_{kl,xxx}\bar{\psi}_{kl,x}\Big|_{x=0}^{x=1}\mathrm{d}y+\int_0^1\frac{\mu\eta\gamma_0}{\xi^2}\psi_{kl,xyy}\bar{\psi}_{kl,x}\Bigg|_0^1\mathrm{d}y+\int_0^1\eta\gamma_0\psi_{kl,yyy}\bar{\psi}_{kl,y}\Big|_0^1\mathrm{d}x\right)A_{kl}\\&=\Big\langle-\Big\{\eta\Big[\mathrm{i}\,\omega_{kl}\left(\psi_{kl,xxxx}+2\xi^2\psi_{kl,xxyy}+\xi^4\psi_{kl,yyyy}\right)\\&\quad+\gamma_0\left(\psi_{kl,xxxxx}+2\xi^2\psi_{kl,xxxyy}+\xi^4\psi_{kl,xyyyy}\right)\Big]A_{kl}\\&\quad+\left\{\gamma_1\left[(1-x)\omega_{kl}-\mathrm{i}\,\kappa\gamma_0\right]\bar{\psi}_{kl,xx}-\omega_{kl}\gamma_1\bar{\psi}_{kl,x}\right\}\bar{A}_{kl}\,\mathrm{e}^{\mathrm{i}\sigma T_1}\\&\quad+2\left(\mathrm{i}\,\omega_{kl}\psi_{kl}+\gamma_0\psi_{kl,x}\right)\dot{A}_{kl}+c\left(\mathrm{i}\,\omega_{kl}\psi_{kl}+k_1\gamma_0\psi_{kl,x}\right)A_{kl}\Big\},\psi_{kl}\Big\rangle\end{aligned}\tag{5-31}$$

由内积分配律的性质和，整理方程（5–31）得到

$$A_{kl,T_1}+\gamma_1c_{kl}\bar{A}_{kl}\,\mathrm{e}^{\mathrm{i}\sigma T_1}+\left(\eta d_{kl}+c_d f_{kl}\right)A_{kl}=0\tag{5-32}$$

其中

$$\begin{aligned}c_h=&\Big\{\omega_{kl}\int_0^1\int_0^1(1-x)\bar{\psi}_{kl,xx}\bar{\psi}_{kl}\mathrm{d}x\mathrm{d}y-\mathrm{i}\,\kappa\gamma_0\int_0^1\int_0^1\bar{\psi}_{kl,xx}\bar{\psi}_{kl}\mathrm{d}x\mathrm{d}y\\&-\omega_{kl}\int_0^1\int_0^1\bar{\psi}_{kl,x}\bar{\psi}_{kl}\mathrm{d}x\mathrm{d}y\Big\}\Big/2\left(\mathrm{i}\,\omega_{kl}\int_0^1\int_0^1\psi_{kl}\bar{\psi}_{kl}\mathrm{d}x\mathrm{d}y+\gamma_0\int_0^1\int_0^1\psi_{kl,x}\bar{\psi}_{kl}\mathrm{d}x\mathrm{d}y\right)\end{aligned}\tag{5-33a}$$

$$\begin{aligned}d_h=&\Big[\mathrm{i}\,\omega_{kl}\left(\int_0^1\int_0^1\psi_{kl,xxxx}\bar{\psi}_{kl}\mathrm{d}x\mathrm{d}y+2\xi^2\int_0^1\int_0^1\psi_{kl,xxyy}\bar{\psi}_{kl}\mathrm{d}x\mathrm{d}y+\xi^4\int_0^1\int_0^1\psi_{kl,yyyy}\bar{\psi}_{kl}\mathrm{d}x\mathrm{d}y\right)\\&+\gamma_0\left(\int_0^1\int_0^1\psi_{kl,xxxxx}\bar{\psi}_{kl}\mathrm{d}x\mathrm{d}y+2\xi^2\int_0^1\int_0^1\psi_{kl,xxxyy}\bar{\psi}_{kl}\mathrm{d}x\mathrm{d}y+\xi^4\int_0^1\int_0^1\psi_{kl,xyyyy}\bar{\psi}_{kl}\mathrm{d}x\mathrm{d}y\right)\\&+\left(\int_0^1\psi_{kl,xxx}\bar{\psi}_{kl,x}\Big|_{x=0}^{x=1}\mathrm{d}y+\int_0^1\frac{\mu}{\xi^2}\psi_{kl,xyy}\bar{\psi}_{kl,x}\Bigg|_0^1\mathrm{d}y+\int_0^1\psi_{kl,yyy}\bar{\psi}_{kl,y}\Big|_0^1\mathrm{d}x\right)\Big]\Big/\\&\left[2\left(\mathrm{i}\,\omega_{kl}\int_0^1\int_0^1\psi_{kl}\bar{\psi}_{kl}\mathrm{d}x\mathrm{d}y+\gamma_0\int_0^1\int_0^1\psi_{kl,x}\bar{\psi}_{kl}\mathrm{d}x\mathrm{d}y\right)\right]\end{aligned}\tag{5-33b}$$

$$\begin{aligned}f_h=&\left(\int_0^1\int_0^1\mathrm{i}\,\omega_{kl}\psi_{kl}\bar{\psi}_{kl}\mathrm{d}x\mathrm{d}y+\int_0^1\int_0^1k_1\gamma_0\psi_{kl,x}\bar{\psi}_{kl}\mathrm{d}x\mathrm{d}y\right)\Big/\\&\left[2\left(\mathrm{i}\,\omega_{kl}\int_0^1\int_0^1\psi_{kl}\bar{\psi}_{kl}\mathrm{d}x\mathrm{d}y+\gamma_0\int_0^1\int_0^1\psi_{kl,x}\bar{\psi}_{kl}\mathrm{d}x\mathrm{d}y\right)\right]\end{aligned}\tag{5-33c}$$

若设置参数时，数值结果表明 d_{kl} 是正实数，c_{kl} 是复数。

显然，方程（5–32）有零解。为了研究系统的稳态响应和零解的稳定性，将方程（5–32）转换成自治方程组。故引入

$$A_{kl}(T_1)=\left[p(T_1)+\mathrm{i}\,q(T_1)\right]\mathrm{e}^{\frac{1}{2}\mathrm{i}\sigma T_1}\tag{5-34}$$

其中 p 和 q 是 T_1 的实函数。把方程（5–34）代入方程（5–32）中，整理得到

$$\begin{aligned}\dot{p}&=-\left[\eta d_{kl}+c_{\mathrm{d}}f_{kl}+\gamma_1\operatorname{Re}(c_{kl})\right]p+\left[0.5\sigma-\gamma_1\operatorname{Im}(c_{kl})\right]q\\\dot{q}&=-\left[0.5\sigma+\gamma_1\operatorname{Im}(c_{kl})\right]p-\left[\eta d_{kl}+c_d f_{kl}-\gamma_1\operatorname{Re}(c_{kl})\right]q\end{aligned}\tag{5-35}$$

计算其系数矩阵的行列式可解得

$$\lambda^2+\beta_1\lambda+\beta_2=0 \tag{5-36}$$

其中

$$\begin{aligned}&D_{kl}=d_{kl}+f_{kl}c_{\mathrm{d}}/\eta,\\&\beta_1=2\eta D_{kl},\quad \beta_2=0.25\sigma^2+\eta^2D_{kl}^2-\gamma_1^2\left|c_{kl}\right|^2.\end{aligned} \tag{5-37}$$

若方程（5–36）的根均有负实部，则 Routh-Hurwitz 行列式全部大于零

$$\Delta_1=\beta_1>0;\ \Delta_2=\beta_2>0 \tag{5-38}$$

则，方程（5–32）有稳定零解的条件为

$$\gamma_1<\sqrt{\left(0.25\sigma^2+\eta^2D_m^2\right)/\left|c_{kl}\right|^2} \tag{5-39}$$

图 5–6 分别给出了在不同黏弹性系数下，第一和第二阶主共振的失稳区域。在图 5–6 中，实线采用的参数为 c_{d}=0.1、κ=0.5、ξ=1、ζ=1、k_1=1、γ_0=3 和 η=0.0001；虚线采用的参数为 c_{d}=0.1、κ=0.5、ξ=1、ζ=1、k_1=1、γ_0=3 和 η=0.0002；点划线采用的参数为 c_{d}=0.1、κ=0.5、ξ=1、ζ=1、k_1=1、γ_0=3 和 η=0.0003。观察图 5–6 可以看出，若设置 σ 值时，黏弹性系数越大，稳定范围也越大；而设置 γ_1 值时，失稳范围减小。黏弹性系数对高阶主共振有显著的影响，对低阶参数共振影响较小。比较图 5–6 和图 5–1 可以看出，在主共振和组合共振中，黏弹性系数其对失稳区域有相同的影响趋势。

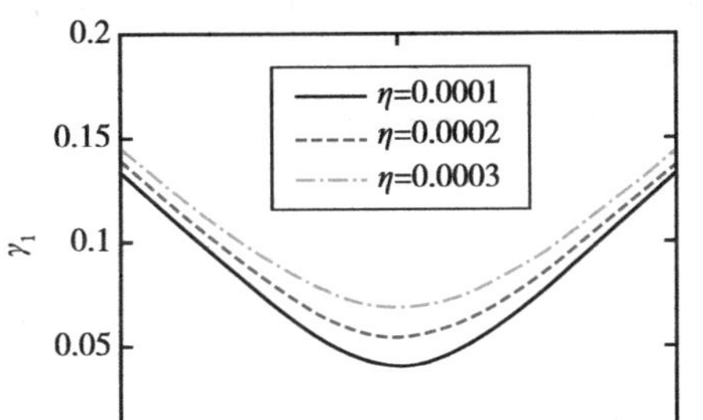

（a）第一阶主共振

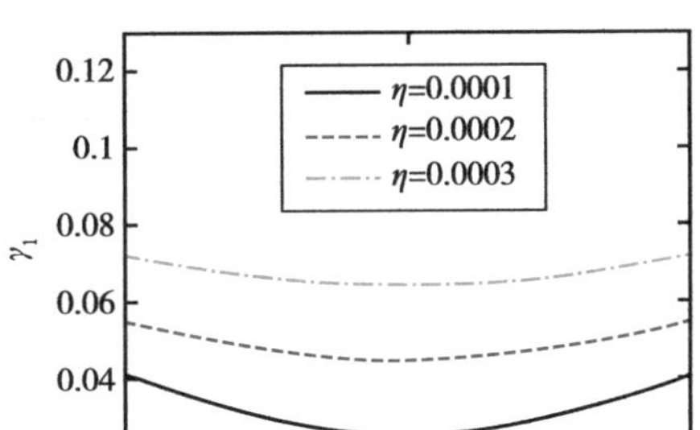

（b）第二阶主共振

图 5–6　不同黏弹性系数对主共振失稳区域的影响

图 5–7 分别给出了在不同黏性阻尼系数下，第一和第二阶主共振的失稳区域。在图 5–7 中，实线采用的参数为 $\eta=0.0001$、$\kappa=0.5$、$\xi=1$、$\zeta=1$、$k_1=1$、$\gamma_0=3$ 和 $c_d=0$；虚线采用的参数为 $\eta=0.0001$、$\kappa=0.5$、$\xi=1$、$\zeta=1$、$k_1=1$、$\gamma_0=3$ 和 $c_d=0.01$；点划线采用的参数为 $\eta=0.0001$、$\kappa=0.5$、$\xi=1$、$\zeta=1$、$k_1=1$、$\gamma_0=3$ 和 $c_d=0.1$。观察图 5–7 可以看出，若设置 σ 值时，黏性阻尼系数越大，稳定范围越大；而设置 σ 值时，失稳范围减小。比较图 5–7 和图 5–2 可以看出，在主共振和组合共振中，黏性阻尼系数对失稳区域有相同的影响趋势。

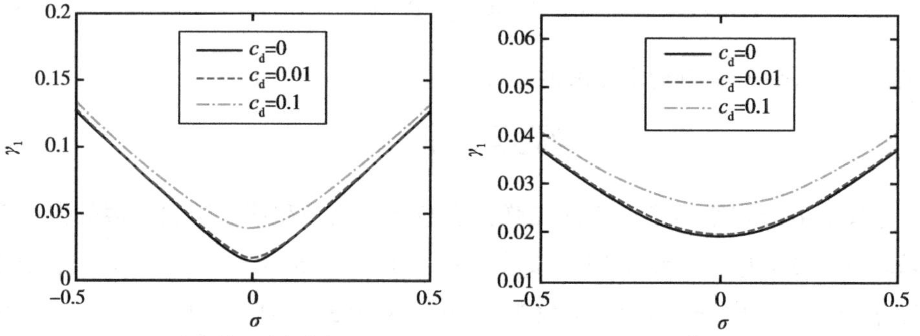

（a）第一阶主共振 （b）第二阶主共振

图 5–7 不同黏性阻尼系数对主共振失稳区域的影响

图 5–8 分别给出了在不同稳定边界条件 k_1 下，第一和第二阶主共振的失稳区域。在图 5–8 中，实线采用的参数为 $\eta=0.0001$、$c_d=0.1$、$\kappa=0.5$、$\xi=1$、$\zeta=1$、$\gamma_0=3$ 和 $k_1=0$；虚线采用的参数为 $\eta=0.0001$、$c_d=0.1$、$\kappa=0.5$、$\xi=1$、$\zeta=1$、$\gamma_0=3$ 和 $k_1=1$。其中 $k_1=0$ 表示偏导模型；$k_1=1$ 表示全导模型。比较图 5–8 和图 5–3 可以

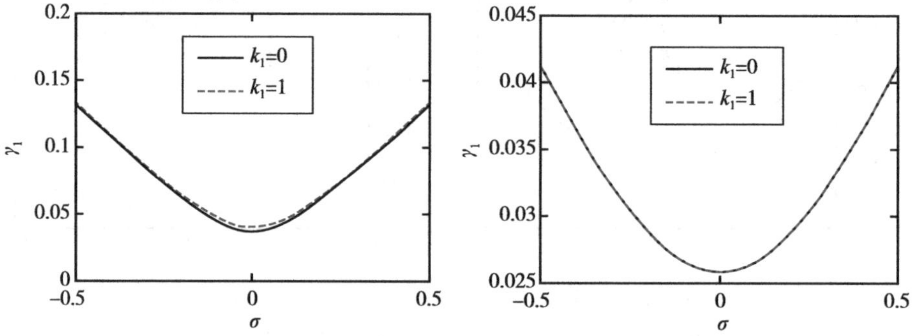

（a）第一阶主共振 （b）第二阶主共振

图 5–8 不同稳定边界条件 k_1 对主共振失稳区域的影响

看出，在主共振和组合共振中，稳定边界条件 k_1 对失稳区域有相同的影响趋势。

图 5-9 给出了在不同共振型下，σ–γ_1 平面上失稳区域的比较。其中实线 S_{12} 表示第一和第二阶和式组合参数共振；点划线 P_1 和虚线 P_2 分别表示第一和第二阶主共振。图 5-9 采用的参数为 $\eta=0.0001$、$c_d=0.1$、$\kappa=0.5$、$\xi=1$、$\zeta=1$ 和 $\gamma_0=3$。从图 5-9 中可以看出，若设置 σ 值时，第二阶主共振的稳定范围最小；而给定 γ_1 时，失稳范围最大。

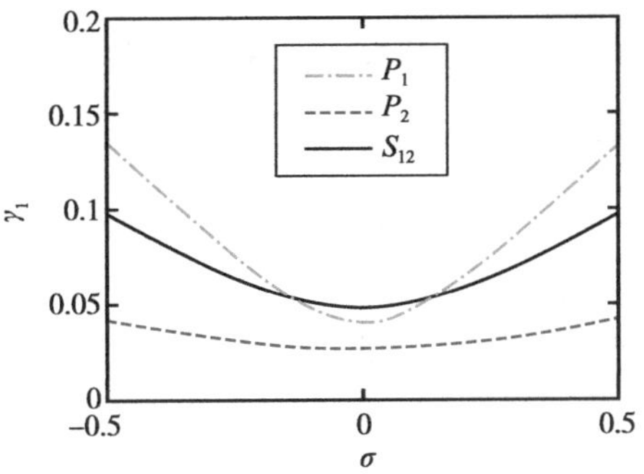

图 5-9　不同共振类型失稳区域的比较

图 5-10 给出了不同模型前两阶主共振在 σ–γ_1 平面上的失稳区域。图 5-10 中点线表示的 model 1 对应方程（5-1）；点划线表示的 model 2 对应控制方程中黏弹性等于零的情况；虚线表示的 model 3 对应控制方程中 $N_{x1}=N_{x0}+\alpha\rho\gamma^2$ 的情况；实线表示的 model 4 对应控制方程中黏弹性等于零并省掉轴向变张力的情况。图 5-10 采用的参数为 $\eta=0.0001$、$c_d=0.1$、$\kappa=0.5$、$\xi=1$、$\zeta=1$、$k_1=1$ 和 $\gamma_0=3$。观察图 5-10 可以看出，纵向变张力对失稳区域有极大的影响。若设置

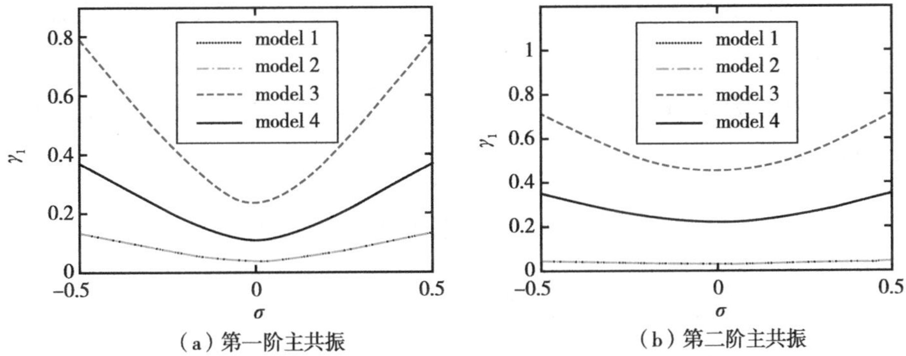

（a）第一阶主共振　（b）第二阶主共振

图 5-10　不同模型前两阶次谐波参数共振的失稳区域

σ 值并考虑纵向变张力时，则稳定范围减小；而设置 γ_1 值时，失稳范围增大。若不考虑纵向变张力，并设置 σ 值时，支撑刚度参数越大，稳定范围越大；而设置 γ_1 值时，失稳范围减小。

图 5-11 分别给出了第一和第二阶主共振在非齐次边界条件（RNHBC）和齐次边界条件（RHBC）下的失稳区域。其中实线表示非齐次边界条件（RNHBC），虚线表示齐次边界条件（RHBC）。图 5-11 采用的参数为 $\eta=0.0001$、$c_d=0.1$、$\kappa=0.5$、$\xi=1$、$\zeta=1$、$k_1=1$ 和 $\gamma_0=3$。观察图 5-11 和图 5-5 可以看出，在主共振和组合参数共振中，齐次边界条件和非齐次边界条件对失稳区域有相同的影响趋势。

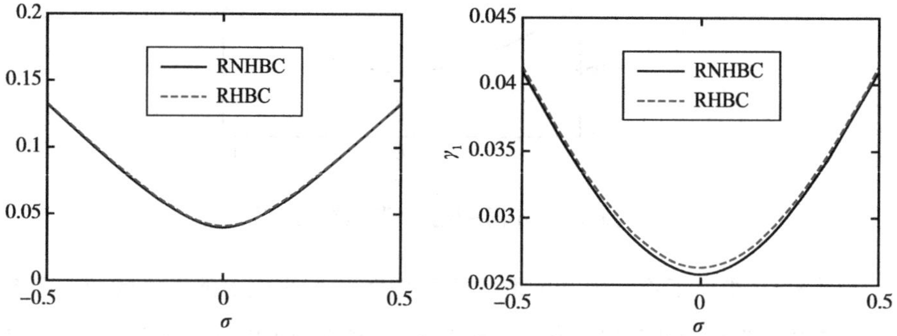

（a）第一阶主共振　　（b）第二阶主共振

图 5-11　不同边界条件对主共振失稳区域的影响

第四节　数值验证

这一节将使用微分求积法对前面得到的复频率、参数共振和主共振的解析结果进行数值验证。取 $\varepsilon=1$。

取计算域为 $0\leqslant x\leqslant 1$ 和 $0\leqslant y\leqslant 1$。网点数 $N_x=N_y=17$。因此，系统控制方程可以表示为

$$\begin{aligned}&\ddot{w}_{0ij}+2\gamma_0\sum_{k=2}^{N_x-1}A_{ik}^{(1)}\dot{w}_{0kj}+\left(\kappa\gamma_0^2-1\right)\sum_{k=2}^{N_x-1}\tilde{A}_{ik}^{(2)}w_{0kj}+\zeta\left(\sum_{k=2}^{N_x-1}\tilde{A}_{ik}^{(4)}w_{0kj}\right.\\&\left.+\xi^4\sum_{l=2}^{N_y-1}\tilde{B}_{jl}^{(4)}w_{0il}+2\xi^2\sum_{k=2}^{N_x-1}\tilde{A}_{ik}^{(2)}\sum_{l=2}^{N_y-1}\tilde{B}_{jl}^{(2)}w_{0kl}\right)=0\\&\left(i=2,3,\cdots,N_x-1,\ j=2,3,\cdots,N_y-1\right)\end{aligned}\tag{5-40}$$

应用二维完全模型，式（5.1）相应的微分求积近似离散为

$$
\begin{aligned}
&\ddot{w}_{ij}+2\gamma\sum_{k=2}^{N_x-1}A_{ik}^{(1)}\dot{w}_{kj}+\left[\kappa\gamma^2+\left(x_i-1\right)\dot{\gamma}-1\right]\sum_{k=2}^{N_x-1}\tilde{A}_{ik}^{(2)}w_{kj}+\\
&\varepsilon\eta\left(\sum_{k=2}^{N_x-1}\tilde{A}_{ik}^{(4)}\dot{w}_{kj}+2\xi^2\sum_{k=2}^{N_x-1}\tilde{A}_{ik}^{(2)}\sum_{l=2}^{N_y-1}\tilde{B}_{jl}^{(2)}\dot{w}_{kl}+\xi^4\sum_{l=2}^{N_y-1}\tilde{B}_{jl}^{(4)}\dot{w}_{il}\right)+\\
&\zeta\left(\sum_{k=2}^{N_x-1}\tilde{A}_{ik}^{(4)}w_{kj}+2\xi^2\sum_{k=2}^{N_x-1}\tilde{A}_{ik}^{(2)}\sum_{l=2}^{N_y-1}\tilde{B}_{jl}^{(2)}w_{kl}+\xi^4\sum_{l=2}^{N_y-1}\tilde{B}_{jl}^{(4)}w_{il}\right)+\\
&\varepsilon\eta\gamma\left(\sum_{k=2}^{N_x-1}\tilde{A}_{ik}^{(5)}w_{kj}+2\xi^2\sum_{k=2}^{N_x-1}\tilde{A}_{ik}^{(3)}\sum_{l=2}^{N_y-1}\tilde{B}_{jl}^{(2)}w_{kl}+\xi^4\sum_{k=2}^{N_x-1}A_{ik}^{(1)}\sum_{l=2}^{N_y-1}\tilde{B}_{jl}^{(4)}w_{kl}\right)+\\
&\varepsilon\eta c_{\mathrm{d}}\left(\dot{w}_{ij}+k_1\gamma\sum_{k=2}^{N_x-1}\tilde{A}_{ik}^{(1)}w_{kj}\right)=0\qquad\left(i=2,3,\cdots,N_x-1,\ j=2,3,\cdots,N_y-1\right)
\end{aligned}
\tag{5-41}
$$

图 5-12（a）给出了前两阶模态的组合参数共振在多尺度法和微分求积法下的求解结果的比较；图 5-12（b）给出了第一阶主共振在多尺度法和微分求积法下的求解结果的比较；图 5-12（c）给出了第二阶主共振在多尺度法和微

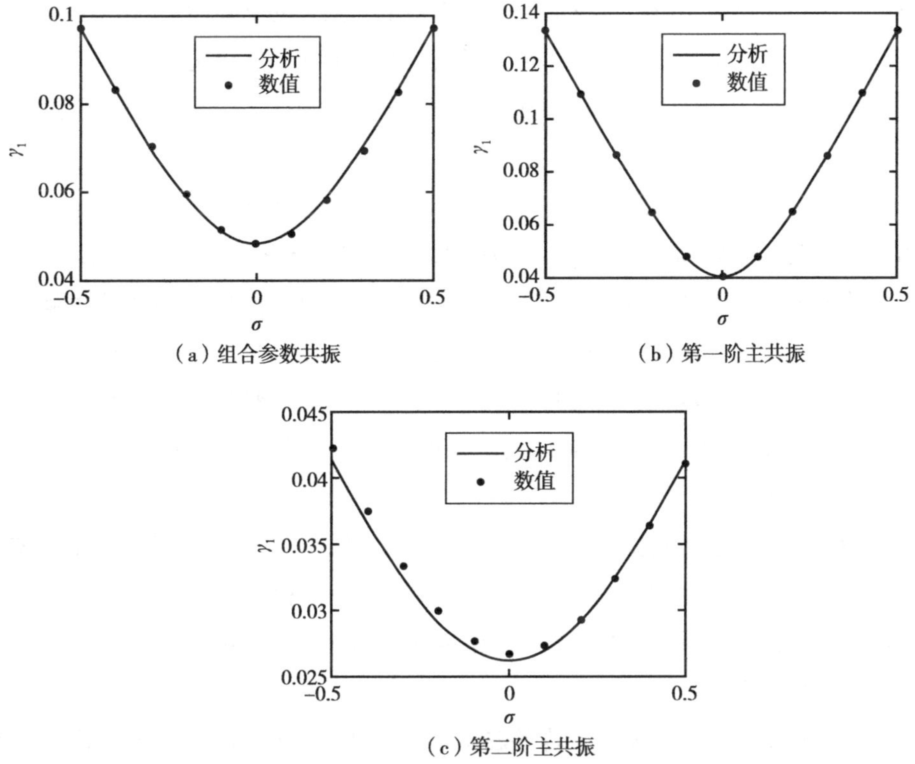

（a）组合参数共振

（b）第一阶主共振

（c）第二阶主共振

图 5-12 不同方法下面内平动 SSSS 板三种共振失稳区域的比较

分求积法下的求解结果的比较。其选取的参数为 $\eta=0.0001$、$c_d=0.1$、$\kappa=0.5$、$\xi=1$、$\zeta=1$、$k_1=1$ 和 $\gamma_0=3$。在图 5–12 中实线表示直接多尺度法的近似解析结果；点线表示微分求积法的数值结果。观察图 5–12（a）可以看出，解析法的结果和数值法的结果在趋势上相同而且在数值上也很接近；观察图 5–12（b）可以看出，直接多尺度法和微分求积法的结果吻合得非常好；观察图 5–12（c）可以看出，直接多尺度法和微分求积法的计算结果在数值上存在差异，但其变化性质是相同的。

第五节　小结

本章研究了非齐次边界条件下面内变速平动黏弹性板的动态稳定性问题，在模型中考虑了轴向变张力，同时也分析了有限支撑刚度对轴向变张力的影响。研究了轴向变张力作用下面内变速运动板的控制方程和相应的非线性边界条件。采用多尺度法分析了纵向变张力作用下面内平动黏弹性板的参数稳定性问题，重点研究了变张力和非线性边界条件对运动板动态稳定性的影响。分析了黏弹性系数、黏性阻尼系数和其他参数对稳定性边界条件的影响。利用微分求积法对近似解析结果进行了数值验证。

（1）给出了系统的前八阶复频率与面内平均速度的变化关系，当 $\gamma_0 \leqslant 8.997$ 时，系统处于稳定状态；当 $\gamma_0=8.998$ 时，第一阶固有频率消失并且第一阶衰减率出现；当 $\gamma_0 \geqslant 11.196$ 时，第一阶固有频率和第二阶固有频率发生耦合，系统出现震颤现象并失稳。此后，系统变得更加复杂并且没有稳定区域。

（2）在组合参数共振和主共振中，若设置 σ 值时，黏弹性系数和黏性阻尼系数越大，稳定范围越大；而设置 γ_1 值时，失稳范围变小。黏弹性系数对稳定边界条件更敏感。

（3）在组合参数共振和主共振中，若设置 σ 值时，齐次边界条件（RHBC）下的稳定性范围比非齐次边界条件（RNHBC）下的稳定性范围小；而设置 γ_1 值时，齐次边界条件（RHBC）下的稳定性范围比非齐次边界条件（RNHBC）下的稳定性范围大。

（4）在组合参数共振中，若考虑纵向变张力并设置 σ 值时，支撑刚度参数变大，稳定范围也变大；而设置 γ_1 值时，失稳范围变小，当不考虑张力变化时，变化趋势与之前相反。

（5）直接多尺度法和微分求积法得到的系统的前四阶复频率吻合得非常好。对于直接多尺度法和微分求积法得到的组合参数共振和主共振的失稳区域，在性质上趋势相同，但在数量上有一定的差别。

第六章

面内变速平动非线性黏弹性板稳态响应

本章重点研究有内共振时的面内变速平动非线性黏弹性板的稳态响应。采用直接多尺度法来分析其稳态响应，根据可解性条件和 Routh-Hurwitz 判据来判断其稳定性。通过一些数值例子，描述板的系统参数对稳态响应的影响。最后，应用二维完全模型和一维离散模型的微分求积方法来数值验证直接多尺度方法的近似解析结果。

第一节　直接多尺度分析

在式（4–19）中，不计黏性阻尼、外激励项和高阶小量项，可以得到面内变速平动非线性黏弹性板无量纲化的振动控制方程

$$
\begin{aligned}
&w_{,tt}+2\gamma w_{,xt}+\left(\gamma^2-1\right)w_{,xx}+\gamma_{,t}\,w_{,x}+\zeta\left(w_{,xxxx}+2\xi^2 w_{,xxyy}+\xi^4 w_{,yyyy}\right)\\
&=6\varepsilon k\zeta\left[\left(w_{,xx}+\mu\xi^2 w_{,yy}\right)w_{,x}^2+\xi^2\left(\mu w_{,xx}+\xi^2 w_{,yy}\right)w_{,y}^2+2\xi^2\left(1-\mu\right)w_{,x}\,w_{,y}\,w_{,xy}\right]\\
&\quad-\varepsilon\eta\left[w_{,xxxxt}+2\xi^2 w_{,xxyyt}+\xi^4 w_{,yyyyt}+\gamma\left(w_{,xxxxx}+2\xi^2 w_{,xxxyy}+\xi^4 w_{,xyyyy}\right)\right]
\end{aligned}
\tag{6–1}
$$

及四边简支的边界条件

$$
\begin{aligned}
&w\big|_{x=0}^{x=1}=0,\quad \left[w_{,xx}+\frac{\varepsilon\eta}{\zeta}\left(w_{,xxt}+\gamma w_{,xxx}+\frac{\mu\gamma}{\xi^2}w_{,xyy}\right)\right]\Bigg|_{x=0}^{x=1}=0\\
&w\big|_{y=0}^{y=1}=0,\quad \left[w_{,yy}+\frac{\varepsilon\eta}{\zeta}\left(w_{,yyt}+\gamma w_{,xyy}\right)\right]\Bigg|_{y=0}^{y=1}=0
\end{aligned}
\tag{6–2}
$$

设无量纲的面内平动速度在平均速度附近做微小的简谐脉动

$$
\gamma=\gamma_0+\varepsilon\gamma_1\sin\left(\omega t\right)
\tag{6–3}
$$

其中 γ_0 为平均速度；γ_1 和 ω 分别为面内平动速度脉动的振幅和频率。它们均为无量纲的参数。将式（6–3）代入式（6–1）和式（6–2）得到

$$\begin{aligned} & w_{,tt}+2\gamma_0 w_{,xt}+\left(\gamma_0^2-1\right)w_{,xx}+\zeta\left(w_{,xxxx}+2\xi^2 w_{,xxyy}+\xi^4 w_{,yyyy}\right) \\ & =-\varepsilon\left\{\eta\left[w_{,xxxxt}+2\xi^2 w_{,xxyyt}+\xi^4 w_{,yyyyt}+\gamma_0\left(w_{,xxxxx}+2\xi^2 w_{,xxxyy}+\xi^4 w_{,xyyyy}\right)\right]\right. \\ & \quad -6k\zeta\left[\left(w_{,xx}+\xi^2\mu w_{,yy}\right)w_{,x}^2+\xi^2\left(\mu w_{,xx}+\xi^2 w_{,yy}\right)w_{,y}^2+2\xi^2(1-\mu)w_{,x}w_{,y}w_{,xy}\right] \\ & \quad \left.+\gamma_1\left[\omega\cos(\omega t)w_{,x}+2\sin(\omega t)w_{,xt}+2\gamma_0\sin(\omega t)w_{,xx}\right]\right\}+O\left(\varepsilon^2\right) \end{aligned} \tag{6-4}$$

$$\begin{aligned} & w\big|_{x=0}^{x=1}=0, \quad \left[w_{,xx}+\frac{\varepsilon\eta}{\zeta}\left(w_{,xxt}+\gamma_0 w_{,xxx}+\frac{\mu\gamma_0}{\xi^2}w_{,xyy}\right)+O\left(\varepsilon^2\right)\right]\Bigg|_{x=0}^{x=1}=0 \\ & w\big|_{y=0}^{y=1}=0, \quad \left[w_{,yy}+\frac{\varepsilon\eta}{\zeta}\left(w_{,yyt}+\gamma_0 w_{,xyy}\right)+O\left(\varepsilon^2\right)\right]\Bigg|_{y=0}^{y=1}=0 \end{aligned} \tag{6-5}$$

对式（6–4）和式（6–5）应用直接多尺度方法，其一阶近似解可以写为

$$w(x,y,t;\varepsilon)=w_0\left(x,y,T_0,T_1\right)+\varepsilon w_1\left(x,y,T_0,T_1\right)+O\left(\varepsilon^2\right) \tag{6-6}$$

将式（6–6）和下列关系式

$$\frac{\partial}{\partial t}=\frac{\partial}{\partial T_0}+\varepsilon\frac{\partial}{\partial T_1}, \quad \frac{\partial^2}{\partial t^2}=\frac{\partial^2}{\partial T_0^2}+2\varepsilon\frac{\partial^2}{\partial T_0\partial T_1}+O\left(\varepsilon^2\right) \tag{6-7}$$

代入式（6–4）和式（6–5），分离 e^0 和 e^1 不同阶量，得到

$$\varepsilon^0: w_{0,T_0T_0}+2\gamma_0 w_{0,xT_0}+\left(\gamma_0^2-1\right)w_{0,xx}+\zeta\left(w_{0,xxxx}+2\xi^2 w_{0,xxyy}+\xi^4 w_{0,yyyy}\right)=0 \tag{6-8}$$

$$\varepsilon^0: \ w_0\big|_{x=0}^{x=1}=0, \quad w_{0,xx}\big|_{x=0}^{x=1}=0; \qquad w_0\big|_{y=0}^{y=1}=0, \quad w_{0,yy}\big|_{y=0}^{y=1}=0 \tag{6-9}$$

$$\begin{aligned} & \varepsilon^1: \ w_{1,T_0T_0}+2\gamma_0 w_{1,xT_0}+\left(\gamma_0^2-1\right)w_{1,xx}+\zeta\left(w_{1,xxxx}+2\xi^2 w_{1,xxyy}+\xi^4 w_{1,yyyy}\right) \\ & =-\left\{2\left(w_{0,T_0T_1}+\gamma_0 w_{0,xT_1}\right)+\omega\gamma_1\cos(\omega t)w_{0,x}+2\gamma_1\sin(\omega t)\left(w_{0,xT_0}+\gamma_0 w_{0,xx}\right)\right. \\ & \quad \left.+\eta\left[w_{0,xxxxT_0}+2\xi^2 w_{0,xxyyT_0}+\xi^4 w_{0,yyyyT_0}+\gamma_0\left(w_{0,xxxxx}+2\xi^2 w_{0,xxxyy}+\xi^4 w_{0,xyyyy}\right)\right]\right\} \\ & \quad +6k\zeta\left[\left(w_{0,xx}+\xi^2\mu w_{0,yy}\right)w_{0,x}^2+\xi^2\left(\mu w_{0,xx}+\xi^2 w_{0,yy}\right)w_{0,y}^2+2\xi^2(1-\mu)w_{0,x}w_{0,y}w_{0,xy}\right] \end{aligned} \tag{6-10}$$

$$\begin{aligned} & \varepsilon^1: \ w_1\big|_{x=0}^{x=1}=0, \quad \left[w_{1,xx}+\frac{\eta}{\zeta}\left(w_{0,xxT_0}+\gamma_0 w_{0,xxx}+\frac{\mu\gamma_0}{\xi^2}w_{0,xyy}\right)\right]\Bigg|_{x=0}^{x=1}=0; \\ & w_1\big|_{y=0}^{y=1}=0, \quad \left[w_{1,yy}+\frac{\eta}{\zeta}\left(w_{0,yyT_0}+\gamma_0 w_{0,xyy}\right)\right]\Bigg|_{y=0}^{y=1}=0 \end{aligned} \tag{6-11}$$

为了研究面内变速平动非线性黏弹性板的稳态响应，式（6–8）的解可以写为

$$w_0\left(x,y,T_0,T_1\right)=\psi_{sl}\left(x,y\right)A_{sl}\left(T_1\right)\mathrm{e}^{\mathrm{i}\omega_{sl}T_0}+\psi_{s'l'}\left(x,y\right)A_{s'l'}\left(T_1\right)\mathrm{e}^{\mathrm{i}\omega_{s'l'}T_0}+cc \tag{6–12}$$

其中 ω_{sl} 和 $\omega_{s'l'}$ 分别表示线性派生系统的第 sl 和 $s'l'$ 阶固有频率。

第二节　有内共振时的次谐波参数振动

在这一节中，我们研究有内共振时的次谐波参数振动问题。

一、可解性条件

引入解谐参数 σ_1，表示脉动频率 $\omega_{k'l'}$ 在 $3\omega_{kl}$ 附近变化；引入解谐参数 σ_2，表示面内平动速度的脉动频率 ω 在 $2\omega_{k'l'}$ 附近变化

$$\omega_{k'l'}=3\omega_{kl}+\varepsilon\sigma_1,\ \omega=2\omega_{k'l'}+\varepsilon\sigma_2 \tag{6–13}$$

将式（6–12）和（6–13）代入（6–10），得到

$$\begin{aligned}
&w_{1,T_0T_0}+2\gamma w_{1,xT_0}+\left(\gamma^2-1\right)w_{1,xx}+\zeta\left(w_{1,xxxx}+2\xi^2w_{1,xxyy}+\xi^4w_{1,yyyy}\right)\\
&=-\left[E_1A_{sl,T_1}+k\left(G_{11}A_{sl}^2\bar{A}_{sl}+G_{12}A_{sl}A_{s'l'}\bar{A}_{s'l'}+H_1A_{s'l'}\bar{A}_{sl}^2\,\mathrm{e}^{\mathrm{i}\sigma_1T_1}\right)+\eta M_1A_{kl}\right]\mathrm{e}^{\mathrm{i}\omega_{sl}T_0}\\
&\quad-\left[E_2A_{s'l',T_1}+k\left(G_{22}A_{s'l'}^2\bar{A}_{s'l'}+G_{21}A_{s'l'}A_{sl}\bar{A}_{sl}+H_2A_{sl}^3\,\mathrm{e}^{-\mathrm{i}\sigma_1T_1}\right)+\eta M_2A_{k'l'}\right.\\
&\quad\left.+\gamma_1N\bar{A}_{s'l'}\,\mathrm{e}^{\mathrm{i}\sigma_2T_1}\right]\mathrm{e}^{\mathrm{i}\omega_{s'l'}T_0}+cc+NST
\end{aligned} \tag{6–14}$$

其中

$$E_j=2\left(\mathrm{i}\omega_h\psi_h+\gamma_0\psi_{h,x}\right)\quad\left(if\ j=1,h=sl;if\ j=2,h=s'l'\right) \tag{6–15}$$

$$\begin{aligned}
G_j=&-6\zeta\left\{\psi_{h,x}^{\,2}\left(\mu\xi^2\bar{\psi}_{h,yy}+\bar{\psi}_{h,xx}\right)+\xi^2\psi_{h,y}^{\,2}\left(\xi^2\bar{\psi}_{h,yy}+\mu\bar{\psi}_{h,xx}\right)\right.\\
&+2\left[\psi_{h,x}\bar{\psi}_{h,x}\left(\mu\xi^2\psi_{h,yy}+\psi_{h,xx}\right)+\xi^2\psi_{h,y}\bar{\psi}_{h,y}\left(\xi^2\psi_{h,yy}+\mu\psi_{h,xx}\right)\right.\\
&\left.\left.+\left(1-\mu\right)\xi^2\left(\psi_{h,x}\bar{\psi}_{h,y}\psi_{h,xy}+\bar{\psi}_{h,x}\psi_{h,y}\psi_{h,xy}+\psi_{h,x}\psi_{h,y}\bar{\psi}_{h,xy}\right)\right]\right\}\\
&\left(if\ j=11,h=sl;if\ j=22,h=s'l'\right)
\end{aligned} \tag{6–16}$$

$$
\begin{aligned}
G_h = -12\zeta\Big[&(1-\mu)\xi^2\big(\psi_{i,x}\bar{\psi}_{j,y}\psi_{j,xy}+\bar{\psi}_{j,x}\psi_{i,y}\psi_{j,xy}\\
&+\psi_{j,x}\bar{\psi}_{j,y}\psi_{i,xy}+\bar{\psi}_{j,x}\psi_{j,y}\psi_{i,xy}+\psi_{j,x}\psi_{i,y}\bar{\psi}_{j,xy}+\psi_{i,x}\psi_{j,y}\bar{\psi}_{j,xy}\big)\\
&+\xi^2\psi_{i,y}\bar{\psi}_{j,y}\big(\xi^2\psi_{j,yy}+\mu\psi_{j,xx}\big)+\xi^2\psi_{j,y}\bar{\psi}_{j,y}\big(\xi^2\psi_{i,yy}+\mu\psi_{i,xx}\big)\\
&+\xi^2\psi_{i,y}\psi_{j,y}\big(\xi^2\bar{\psi}_{j,yy}+\mu\bar{\psi}_{j,xx}\big)+\psi_{i,x}\psi_{j,x}\big(\mu\xi^2\bar{\psi}_{j,yy}+\bar{\psi}_{j,xx}\big)\\
&+\psi_{i,x}\bar{\psi}_{j,x}\big(\mu\xi^2\psi_{j,yy}+\psi_{j,xx}\big)+\psi_{j,x}\bar{\psi}_{j,x}\big(\mu\xi^2\psi_{i,yy}+\psi_{i,xx}\big)\Big]\\
&(if\ h=12, i=sl,\ j=s'l';\ h=21, i=s'l',\ j=sl)
\end{aligned}
\tag{6-17}
$$

$$
\begin{aligned}
M_j = \mathrm{i}\omega_h&\big(\psi_{h,xxxx}+2\xi^2\psi_{h,xxyy}+\xi^4\psi_{h,yyyy}\big)+\gamma_0\\
&+2\xi^2\psi_{h,xxxyy}+\xi^4\psi_{h,xyyyy}\big)\quad (if\ \ j=1, h=sl;\ if\ \ j=2, h=s'l')
\end{aligned}
\tag{6-18}
$$

$$
N=-\mathrm{i}\gamma_0\bar{\psi}_{s'l',xx}
\tag{6-19}
$$

$$
\begin{aligned}
H_1=-6\zeta\Big\{&\bar{\psi}_{sl,x}^{\,2}\big(\mu\xi^2\psi_{s'l',yy}+\psi_{s'l',xx}\big)+\xi^2\bar{\psi}_{sl,y}^{\,2}\big(\xi^2\psi_{s'l',yy}+\mu\psi_{s'l',xx}\big)\\
&+2\Big[(1-\mu)\xi^2\big(\bar{\psi}_{sl,x}\psi_{s'l',y}\bar{\psi}_{sl,xy}+\bar{\psi}_{sl,x}\bar{\psi}_{sl,y}\psi_{s'l',xy}+\psi_{s'l',x}\bar{\psi}_{sl,y}\bar{\psi}_{sl,xy}\big)\\
&+\bar{\psi}_{sl,x}\psi_{s'l',x}\big(\mu\xi^2\bar{\psi}_{sl,yy}+\bar{\psi}_{sl,xx}\big)+\xi^2\bar{\psi}_{sl,y}\psi_{s'l',y}\big(\xi^2\bar{\psi}_{sl,yy}+\mu\bar{\psi}_{sl,xx}\big)\Big]\Big\}
\end{aligned}
\tag{6-20}
$$

$$
\begin{aligned}
H_2=-6\zeta\Big[&\psi_{sl,x}^{\,2}\big(\mu\xi^2\psi_{sl,yy}+\psi_{sl,xx}\big)+\xi^2\psi_{sl,y}^{\,2}\big(\xi^2\psi_{sl,yy}+\mu\psi_{sl,xx}\big)\\
&+2(1-\mu)\xi^2\psi_{sl,x}\psi_{sl,y}\psi_{sl,xy}\Big]
\end{aligned}
\tag{6-21}
$$

若要所得解不存在长期项，则可解性条件要求非齐次方程（6–14）的非齐次部分与其伴随方程的齐次解正交，即

$$
\Big[E_1A_{sl,T_1}+\eta M_1A_{kl}+k\big(G_{11}A_{sl}^2\bar{A}_{sl}+G_{12}A_{sl}A_{s'l'}\bar{A}_{s'l'}+H_1A_{s'l'}\bar{A}_{sl}^2\,\mathrm{e}^{\mathrm{i}\sigma_1T_1}\big),\psi_{sl}\Big]=0
\tag{6-22}
$$

$$
\begin{aligned}
\Big[&E_2A_{s'l',T_1}+\eta M_2A_{k'l'}+k\big(G_{22}A_{s'l'}^2\bar{A}_{s'l'}+G_{21}A_{s'l'}A_{sl}\bar{A}_{sl}+H_2A_{sl}^3\,\mathrm{e}^{-\mathrm{i}\sigma_1T_1}\big)\\
&+\gamma_1N\bar{A}_{s'l'}\,\mathrm{e}^{\mathrm{i}\sigma_2T_1},\psi_{s'l'}\Big]=0
\end{aligned}
\tag{6-23}
$$

应用内积的性质，式（6–22）和（6–23）可整理为

$$
A_{sl,T_1}+\eta m_1A_{kl}+k\big(g_{11}A_{sl}^2\bar{A}_{sl}+g_{12}A_{sl}A_{s'l'}\bar{A}_{s'l'}+h_1A_{s'l'}\bar{A}_{sl}^2\,\mathrm{e}^{\mathrm{i}\sigma_1T_1}\big)=0
\tag{6-24}
$$

$$
\begin{aligned}
&A_{s'l',T_1}+\eta m_2A_{k'l'}+k\big(g_{22}A_{s'l'}^2\bar{A}_{s'l'}+g_{21}A_{s'l'}A_{sl}\bar{A}_{sl}+h_2A_{sl}^3\,\mathrm{e}^{-\mathrm{i}\sigma_1T_1}\big)\\
&+\gamma_1n\bar{A}_{s'l'}\,\mathrm{e}^{\mathrm{i}\sigma_2T_1}=0
\end{aligned}
\tag{6-25}
$$

其中

$$m_1=\frac{\int_0^1\int_0^1 M_1\bar{\psi}_{sl}\mathrm{d}x\mathrm{d}y}{\int_0^1\int_0^1 E_1\bar{\psi}_{sl}\mathrm{d}x\mathrm{d}y};m_2=\frac{\int_0^1\int_0^1 M_2\bar{\psi}_{s'l'}\mathrm{d}x\mathrm{d}y}{\int_0^1\int_0^1 E_2\bar{\psi}_{s'l'}\mathrm{d}x\mathrm{d}y};g_{11}=\frac{\int_0^1\int_0^1 G_{11}\bar{\psi}_{sl}\mathrm{d}x\mathrm{d}y}{\int_0^1\int_0^1 E_1\bar{\psi}_{sl}\mathrm{d}x\mathrm{d}y};$$
$$g_{22}=\frac{\int_0^1\int_0^1 G_{22}\bar{\psi}_{s'l'}\mathrm{d}x\mathrm{d}y}{\int_0^1\int_0^1 E_2\bar{\psi}_{s'l'}\mathrm{d}x\mathrm{d}y};g_{12}=\frac{\int_0^1\int_0^1 G_{12}\bar{\psi}_{sl}\mathrm{d}x\mathrm{d}y}{\int_0^1\int_0^1 E_1\bar{\psi}_{sl}\mathrm{d}x\mathrm{d}y};g_{21}=\frac{\int_0^1\int_0^1 G_{21}\bar{\psi}_{s'l'}\mathrm{d}x\mathrm{d}y}{\int_0^1\int_0^1 E_2\bar{\psi}_{s'l'}\mathrm{d}x\mathrm{d}y}; \tag{6-26}$$
$$h_1=\frac{\int_0^1\int_0^1 H_1\bar{\psi}_{sl}\mathrm{d}x\mathrm{d}y}{\int_0^1\int_0^1 E_1\bar{\psi}_{sl}\mathrm{d}x\mathrm{d}y};h_2=\frac{\int_0^1\int_0^1 H_2\bar{\psi}_{s'l'}\mathrm{d}x\mathrm{d}y}{\int_0^1\int_0^1 E_2\bar{\psi}_{s'l'}\mathrm{d}x\mathrm{d}y};n=\frac{\int_0^1\int_0^1 N\bar{\psi}_{s'l'}\mathrm{d}x\mathrm{d}y}{\int_0^1\int_0^1 E_2\bar{\psi}_{s'l'}\mathrm{d}x\mathrm{d}y}.$$

对于给定的参数，数值计算均表明 m_1 和 m_2 是正实数；g_{11}、g_{12}、g_{21} 和 g_{22} 是负虚数；h_1、h_2 和 n 是复数。

将式（6–24）和（6–25）写成极坐标的形式

$$A_{sl}=\alpha_{sl}(T_1)\mathrm{e}^{\mathrm{i}\beta_{sl}(T_1)},\quad A_{s'l'}=\alpha_{s'l'}(T_1)\mathrm{e}^{\mathrm{i}\beta_{s'l'}(T_1)} \tag{6-27}$$

其中 α_{sl}、β_{sl}、$\alpha_{s'l'}$ 和 $\beta_{s'l'}$ 是 T_1 的实函数，分别对应于第 sl 和 $s'l'$ 阶模态有内共振时的次谐波参数共振响应的幅值和相角。将式（6–27）代入（6–24）和（6–25），导出

$$\alpha_{sl},_{T_1}=-\eta m_1\alpha_{sl}+k\left(h_1^{\mathrm{I}}\sin\theta_1-h_1^{\mathrm{R}}\cos\theta_1\right)\alpha_{sl}^2\alpha_{s'l'} \tag{6-28}$$

$$\alpha_{sl}\beta_{sl},_{T_1}=-k\left(g_{11}^{\mathrm{I}}\alpha_{sl}^2+g_{12}^{\mathrm{I}}\alpha_{s'l'}^2\right)\alpha_{sl}-k\left(h_1^{\mathrm{I}}\cos\theta_1+h_1^{\mathrm{R}}\sin\theta_1\right)\alpha_{sl}^2\alpha_{s'l'} \tag{6-29}$$

$$\alpha_{s'l'},_{T_1}=-\eta m_2\alpha_{s'l'}-k\left(h_2^{\mathrm{I}}\sin\theta_1+h_2^{\mathrm{R}}\cos\theta_1\right)\alpha_{sl}^3-\gamma_1\left(n^{\mathrm{R}}\cos\theta_2-n^{\mathrm{I}}\sin\theta_2\right)\alpha_{s'l'} \tag{6-30}$$

$$\begin{aligned}\alpha_{s'l'}\beta_{s'l'},_{T_1}=&-k\left(g_{21}^{\mathrm{I}}\alpha_{sl}^2+g_{22}^{\mathrm{I}}\alpha_{s'l'}^2\right)\alpha_{s'l'}-k\left(h_2^{\mathrm{I}}\cos\theta_1-h_2^{\mathrm{R}}\sin\theta_1\right)\alpha_{sl}^3\\&-\gamma_1\left(n^{\mathrm{I}}\cos\theta_2+n^{\mathrm{R}}\sin\theta_2\right)\alpha_{s'l'}\end{aligned} \tag{6-31}$$

其中 $\theta_1=\sigma_1T_1-3\beta_{sl}+\beta_{s'l'}$，$\theta_2=\sigma_2T_1-2\beta_{s'l'}$。

很明显式（6–28）~式（6–31）有零解。假定它们还有非零解，则其可能有两种情况：① $\alpha_{sl}=0$ 且 $\alpha_{s'l'}\neq 0$；② $\alpha_{sl}\neq 0$ 且 $\alpha_{s'l'}\neq 0$。

对于单模态解，将 $\alpha_{sl}=0$ 且 $\alpha_{s'l'}\neq 0$ 代入式（6–30）和（6–31），导出

$$\alpha_{s'l'},_{T_1}=-\eta m_2\alpha_{s'l'}-\gamma_1\left(n^{\mathrm{R}}\cos\theta_2-n^{\mathrm{I}}\sin\theta_2\right)\alpha_{s'l'} \tag{6-32}$$

$$\beta_{s'l'},_{T_1}=-kg_{22}^{\mathrm{I}}\alpha_{s'l'}^2-\gamma_1\left(n^{\mathrm{I}}\cos\theta_2+n^{\mathrm{R}}\sin\theta_2\right) \tag{6-33}$$

对于稳态响应，振幅 $\alpha_{s'l'}$ 以及新的相位角 θ_2 应该为常数，

$$-\eta m_2\alpha_{s'l'}-\gamma_1\left(n^{\mathrm{R}}\cos\theta_2-n^{\mathrm{I}}\sin\theta_2\right)\alpha_{s'l'}=0 \tag{6-34}$$

$$-kg_{22}^{\mathrm{I}}\alpha_{s'l'}^2-\gamma_1\left(n^{\mathrm{I}}\cos\theta_2+n^{\mathrm{R}}\sin\theta_2\right)=\frac{\sigma_2}{2} \tag{6-35}$$

联立式（6–34）和（6–35），然后消去 θ_2，得到

$$\alpha_{s'l'}=\sqrt{\frac{-\sigma_2\pm2\sqrt{|n|^2\gamma_1^2-\eta^2m_2^2}}{2kg_{22}^{\mathrm{I}}}} \tag{6-36}$$

至于双模态解，联立式（6–29）和（6–31），导出

$$\begin{aligned}\theta_{1,T_1}=&\sigma_1+k\left(3g_{11}^{\mathrm{I}}-g_{21}^{\mathrm{I}}\right)\alpha_{sl}^2+k\left(3g_{12}^{\mathrm{I}}-g_{22}^{\mathrm{I}}\right)\alpha_{s'l'}^2\\&+k\left[\cos\theta_1\left(3h_1^{\mathrm{I}}\alpha_{s'l'}^2-h_2^{\mathrm{I}}\alpha_{sl}^2\right)+\sin\theta_1\left(3h_1^{\mathrm{R}}\alpha_{s'l'}^2+h_2^{\mathrm{R}}\alpha_{sl}^2\right)\right]\alpha_{sl}/\alpha_{s'l'}\\&-\gamma_1\left(n^{\mathrm{I}}\cos\theta_2+n^{\mathrm{R}}\sin\theta_2\right)\end{aligned} \tag{6-37}$$

$$\begin{aligned}\theta_{2,T_1}=&\sigma_2+2k\left(g_{21}^{\mathrm{I}}\alpha_{sl}^2+g_{22}^{\mathrm{I}}\alpha_{s'l'}^2\right)+2k\left(h_2^{\mathrm{I}}\cos\theta_1-h_2^{\mathrm{R}}\sin\theta_1\right)\alpha_{sl}^3/\alpha_{s'l'}\\&+2\gamma_1\left(n^{\mathrm{I}}\cos\theta_2+n^{\mathrm{R}}\sin\theta_2\right)\end{aligned} \tag{6-38}$$

对于稳态响应，振幅 $\alpha_{s'l'}$ 以及新的相位角 θ_2 应该为常数，

$$-\eta m_1+k\left(h_1^{\mathrm{I}}\sin\theta_1-h_1^{\mathrm{R}}\cos\theta_1\right)\alpha_{sl}\alpha_{s'l'}=0 \tag{6-39}$$

$$\begin{aligned}&\sigma_1+k\left(3g_{11}^{\mathrm{I}}-g_{21}^{\mathrm{I}}\right)\alpha_{sl}^2+k\left(3g_{12}^{\mathrm{I}}-g_{22}^{\mathrm{I}}\right)\alpha_{s'l'}^2-\gamma_1\left(n^{\mathrm{I}}\cos\theta_2+n^{\mathrm{R}}\sin\theta_2\right)\\&+k\left[\cos\theta_1\left(3h_1^{\mathrm{I}}\alpha_{s'l'}^2-h_2^{\mathrm{I}}\alpha_{sl}^2\right)+\sin\theta_1\left(3h_1^{\mathrm{R}}\alpha_{s'l'}^2+h_2^{\mathrm{R}}\alpha_{sl}^2\right)\right]\alpha_{sl}/\alpha_{s'l'}=0\end{aligned} \tag{6-40}$$

$$-\eta m_2\alpha_{s'l'}-k\left(h_2^{\mathrm{I}}\sin\theta_1+h_2^{\mathrm{R}}\cos\theta_1\right)\alpha_{sl}^3-\gamma_1\left(n^{\mathrm{R}}\cos\theta_2-n^{\mathrm{I}}\sin\theta_2\right)\alpha_{s'l'}=0 \tag{6-41}$$

$$\begin{aligned}&\sigma_2+2k\left(g_{21}^{\mathrm{I}}\alpha_{sl}^2+g_{22}^{\mathrm{I}}\alpha_{s'l'}^2\right)+2k\left(h_2^{\mathrm{I}}\cos\theta_1-h_2^{\mathrm{R}}\sin\theta_1\right)\alpha_{sl}^3/\alpha_{s'l'}\\&+2\gamma_1\left(n^{\mathrm{I}}\cos\theta_2+n^{\mathrm{R}}\sin\theta_2\right)=0\end{aligned} \tag{6-42}$$

因为 h_1 和 h_2 仅仅与线性派生系统的固有频率、模态函数和面内平动平均速度有关，而与黏弹性系数和速度脉动的幅值无关，所以根据式（6–39）和（6–41）可以得到

$$\frac{h_1^{\mathrm{R}}}{h_2^{\mathrm{R}}}=-\frac{h_1^{\mathrm{I}}}{h_2^{\mathrm{I}}}=C \tag{6-43}$$

将式（6–43）代入（6–39）~（6–42），然后消去 θ_1 和 θ_2，得到

$$36\eta^2m_1^2+\left[2\sigma_1+\sigma_2+6k\left(g_{11}^{\mathrm{I}}\alpha_{sl}^2+g_{12}^{\mathrm{I}}\alpha_{s'l'}^2\right)\right]^2=36k^2C^2\alpha_{sl}^2\alpha_{s'l'}^2|h_2|^2 \tag{6-44}$$

$$
\begin{aligned}
&36\eta^2\left(Cm_2\alpha_{s'l'}^2-m_1\alpha_{sl}^2\right)^2+\left\{3C\alpha_{s'l'}^2\left[\sigma_2+2k\left(g_{21}^{\mathrm{I}}\alpha_{sl}^2+g_{22}^{\mathrm{I}}\alpha_{s'l'}^2\right)\right]\right.\\
&\left.+\alpha_{sl}^2\left[2\sigma_1+\sigma_2+6k\left(g_{11}^{\mathrm{I}}\alpha_{sl}^2+g_{12}^{\mathrm{I}}\alpha_{s'l'}^2\right)\right]\right\}^2=36C^2\alpha_{s'l'}^4|n|^2\gamma_1^2
\end{aligned}
\tag{6-45}
$$

二、稳定性条件

为了研究零解的稳定性，首先要把它们变换为自治方程组。引入变换

$$
A_{sl}(T_1)=\left[p_1(T_1)+\mathrm{i}q_1(T_1)\right]\mathrm{e}^{\mathrm{i}S_1T_1},\ A_{s'l'}(T_1)=\left[p_2(T_1)+\mathrm{i}q_2(T_1)\right]\mathrm{e}^{\mathrm{i}S_2T_1}
\tag{6-46}
$$

其中 p_h 和 q_h（h=1，2）是 T_1 的实函数，且

$$
S_1=\frac{2\sigma_1+\sigma_2}{6},\qquad S_2=\frac{\sigma_2}{2}.
\tag{6-47}
$$

将式（6–46）代入（6–24）和（6–25），并分离结果的实部和虚部，导出

$$
\begin{aligned}
p_{1,T_1}&=-\eta m_1p_1+S_1q_1+kq_1\left[g_{11}^{\mathrm{I}}\left(p_1^2+q_1^2\right)+g_{12}^{\mathrm{I}}\left(p_2^2+q_2^2\right)\right]\\
&\quad+k\left[\left(h_1^{\mathrm{R}}p_2-h_1^{\mathrm{I}}q_2\right)\left(q_1^2-p_1^2\right)-2p_1q_1\left(h_1^{\mathrm{I}}p_2+h_1^{\mathrm{R}}q_2\right)\right]\\
q_{1,T_1}&=-S_1p_1-\eta m_1q_1-kp_1\left[g_{11}^{\mathrm{I}}\left(p_1^2+q_1^2\right)+g_{12}^{\mathrm{I}}\left(p_2^2+q_2^2\right)\right]\\
&\quad-k\left[\left(h_1^{\mathrm{I}}p_2+h_1^{\mathrm{R}}q_2\right)\left(p_1^2-q_1^2\right)-2p_1q_1\left(h_1^{\mathrm{R}}p_2-h_1^{\mathrm{I}}q_2\right)\right]\\
p_{2,T_1}&=-\left(\eta m_2+n^{\mathrm{R}}\gamma_1\right)p_2+\left(S_2-n^{\mathrm{I}}\gamma_1\right)q_2+kq_2\left[g_{21}^{\mathrm{I}}\left(p_1^2+q_1^2\right)\right.\\
&\quad\left.+g_{22}^{\mathrm{I}}\left(p_2^2+q_2^2\right)\right]-k\left[h_2^{\mathrm{R}}p_1\left(p_1^2-3q_1^2\right)+h_2^{\mathrm{I}}q_1\left(q_1^2-3p_1^2\right)\right]\\
q_{2,T_1}&=-\left(S_2+n^{\mathrm{I}}\gamma_1\right)p_2+\left(n^{\mathrm{R}}\gamma_1-\eta m_2\right)q_2-kp_2\left[g_{21}^{\mathrm{I}}\left(p_1^2+q_1^2\right)\right.\\
&\quad\left.+g_{22}^{\mathrm{I}}\left(p_2^2+q_2^2\right)\right]-k\left[h_2^{\mathrm{I}}p_1\left(p_1^2-3q_1^2\right)-h_2^{\mathrm{R}}q_1\left(q_1^2-3p_1^2\right)\right]
\end{aligned}
\tag{6-48}
$$

零解的稳定性是由方程组（6–48）决定的。在零解处，方程组右端函数的雅可比（Jacobi）矩阵为

$$
\boldsymbol{J}=\begin{pmatrix}
-\eta m_1 & S_1 & 0 & 0\\
-S_1 & -\eta m_1 & 0 & 0\\
0 & 0 & -\left(\eta m_2+n^{\mathrm{R}}\gamma_1\right) & S_2-n^{\mathrm{I}}\gamma_1\\
0 & 0 & -\left(S_2+n^{\mathrm{I}}\gamma_1\right) & n^{\mathrm{R}}\gamma_1-\eta m_2
\end{pmatrix}
\tag{6-49}
$$

其特征方程的行列式为

$$
\left(\lambda^2+2\eta m_1\lambda+\eta^2m_1^2+S_1^2\right)\left(\lambda^2+2\eta m_2\lambda+\eta^2m_2^2+S_2^2-|n|^2\gamma_1^2\right)=0
\tag{6-50}
$$

代数方程（6–50）的所有根均有负实部的充分和必要条件为所有的 Routh-

Hurwitz 行列式均大于零，即

$$2\eta m_1 > 0;\ \eta^2 m_1^2 + S_1^2 > 0,\ 2\eta m_2 > 0,\ \eta^2 m_2^2 + S_2^2 - |n|^2 \gamma_1^2 > 0 \tag{6-51}$$

故式（6–24）和（6–25）的零解稳定的条件为

$$|\gamma_1| < \frac{\sqrt{\eta^2 m_2^2 + S_2^2}}{|n|} = \frac{\sqrt{4\eta^2 m_2^2 + \sigma_2^2}}{2|n|} \tag{6-52}$$

为了研究单模态解的稳定性，引入变换

$$A_{sl}(T_1) = \left[p_1(T_1) + \mathrm{i}\, q_1(T_1)\right]\mathrm{e}^{\mathrm{i}S_1T_1},\ A_{s'l'}(T_1) = \alpha_2(T_1)\mathrm{e}^{\mathrm{i}\beta_2 T_1} \tag{6-53}$$

其中 p_1、q_1、α_2 和 β_2 是 T_1 的实函数，且

$$S_1 = \frac{\sigma_1 + \beta_{2,T_1}}{3} \tag{6-54}$$

将式（6–53）代入（6–24）和（6–25），并分离结果的实部和虚部，导出

$$\begin{aligned}
p_{1,T_1} &= -\eta m_1 p_1 + \left(S_1 + kg_{12}^{\mathrm{I}}\alpha_2^2\right)q_1 + kq_1 g_{11}^{\mathrm{I}}\left(p_1^2 + q_1^2\right) \\
&\quad - k\alpha_2\left[h_1^{\mathrm{R}}\left(p_1^2 - q_1^2\right) + 2h_1^{\mathrm{I}} p_1 q_1\right] \\
q_{1,T_1} &= -\left(S_1 + kg_{12}^{\mathrm{I}}\alpha_2^2\right)p_1 - \eta m_1 q_1 - kp_1 g_{11}^{\mathrm{I}}\left(p_1^2 + q_1^2\right) \\
&\quad - k\alpha_2\left[h_1^{\mathrm{I}}\left(p_1^2 - q_1^2\right) - 2h_1^{\mathrm{R}} p_1 q_1\right] \\
\alpha_{2,T_1} &= -\eta m_2 \alpha_2 + \left(n^{\mathrm{I}}\sin\theta_2 - n^{\mathrm{R}}\cos\theta_2\right)\gamma_1\alpha_2 \\
&\quad - k\left[h_2^{\mathrm{R}} p_1\left(p_1^2 - 3q_1^2\right) + h_2^{\mathrm{I}} q_1\left(q_1^2 - 3p_1^2\right)\right] \\
\theta_{2,T_1} &= \sigma_2 + 2\Big\{kg_{22}^{\mathrm{I}}\alpha_2^2 + \left(n^{\mathrm{R}}\sin\theta_2 + n^{\mathrm{I}}\cos\theta_2\right)\gamma_1 + kg_{21}^{\mathrm{I}}\left(p_1^2 + q_1^2\right) \\
&\quad + k\left[h_2^{\mathrm{I}} p_1\left(p_1^2 - 3q_1^2\right) - h_2^{\mathrm{R}} q_1\left(q_1^2 - 3p_1^2\right)\right]\Big/\alpha_2\Big\}
\end{aligned} \tag{6-55}$$

其中 $\theta_2 = \sigma_2 T_1 - 2\beta_2$。单模态解的稳定性是由方程组（6–55）决定的。在单模态解处，方程组右端函数的 Jacobi 矩阵为

$$\boldsymbol{J} = \begin{pmatrix} -\eta m_1 & S_1 + kg_{12}^{\mathrm{I}}\alpha_2^2 & 0 & 0 \\ -\left(S_1 + kg_{12}^{\mathrm{I}}\alpha_2^2\right) & -\eta m_1 & 0 & 0 \\ 0 & 0 & 0 & \mp\alpha_2\sqrt{|n|^2\gamma_1^2 - \eta^2 m_2^2} \\ 0 & 0 & 4kg_{22}^{\mathrm{I}}\alpha_2 & -2\eta m_2 \end{pmatrix} \tag{6-56}$$

其特征方程的行列式为

$$
\begin{aligned}
&\left[\lambda^2+2\eta m_1\lambda+\eta^2 m_1^2+\left(S_1+kg_{12}^{\mathrm{I}}\alpha_2^2\right)^2\right]\cdot \\
&\left(\lambda^2+2\eta m_2\lambda\pm 4kg_{22}^{\mathrm{I}}\alpha_2^2\sqrt{|n|^2\gamma_1^2-\eta^2 m_2^2}\right)=0
\end{aligned}
\tag{6–57}
$$

代数方程（6–57）的所有根均有负实部的充分和必要条件为所有的 Routh-Hurwitz 行列式均大于零，即

$$
\begin{aligned}
&2\eta m_1>0;\ \eta^2 m_1^2+\left(S_1+kg_{12}^{\mathrm{I}}\alpha_2^2\right)^2>0,\ 2\eta m_2>0, \\
&\pm 4kg_{22}^{\mathrm{I}}\alpha_2^2\sqrt{|n|^2\gamma_1^2-\eta^2 m_2^2}>0
\end{aligned}
\tag{6–58}
$$

因此，第一个非零解总是不稳定的，而第二个非零解总是稳定的。

对于双模态解，将解得的振幅和相位角代回式（6–28）、（6–30）、（6–37）和（6–38）右端函数 Jacobi 矩阵的特征方程，根据 Routh-Hurwitz 判据可求得双模态解的稳定性。

三、数值算例

这一节我们用数值算例来讨论面内变速平动非线性黏弹性板的响应曲线及其稳定性。给定 ζ=1 和 ξ=1，当 γ_0=3.9243 时，面内平动板前两阶固有频率分别为 ω_{11}=13.95966 和 ω_{12}=43.8036，对应的解谐参数为 σ_1=1.92462。当 γ_0=4.08823 时，面内平动板前两阶固有频率分别为 ω_{11}=13.4318 和 ω_{12}=43.27816，对应的解谐参数为 σ_1=2.98276。

若给定 η=0.0002、γ_1=0.5、k=1 和 γ_0=3.9243，当存在内共振时，图 6–1 给出了面内变速平动非线性黏弹性板在发生次谐波参数共振时的响应曲线以及平衡解的稳定性情况。响应有三种解：零解、单模态解和双模态解。单模态解体现为硬弹簧的特性。其中实线表示稳定解；点线表示非稳定解。双模态解仅仅对于特殊参数范围才存在。从图中可以看出，当 σ_2<–0.7058 或 σ_2>0.7058 时，存在零解，且为稳定的。当 –0.7058<σ_2<0.7058 时，存在零解，且为不稳定的。当 σ_2=–0.7058 和 σ_2=0.7058 时，零平衡解失去稳定性，分别发生超临界叉式分岔和亚临界叉式分岔。

若给定 η=0.0002、γ_1=0.5、k=1 和 γ_0=4.08823，当存在内共振时，图 6–2 给出了面内变速平动非线性黏弹性板在发生次谐波参数共振时的响应曲线以及平衡解的稳定性情况。其中实线表示稳定解；点线表示非稳定解。从图中可以看出，当 σ_2<–0.6844 或 σ_2>0.6844 时，存在零解，且为稳定的。当 –0.6844<σ_2<0.6844 时，

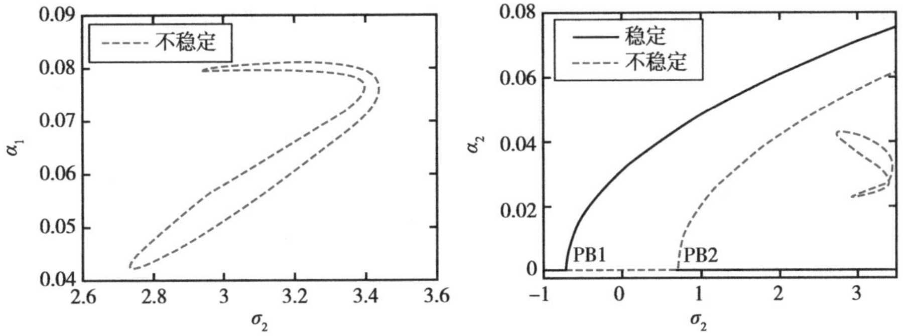

（a）第一阶模态　（b）第二阶模态

图 6–1　响应曲线及其稳定性（η=0.0002、γ_1=0.5、k=1 和 γ_0=3.9243）

存在零解，且为不稳定的。当 σ_2=–0.6844 和 σ_2=0.6844 时，分别发生超临界叉式分岔和亚临界叉式分岔。在极限点 SN（σ_2=1.578）和 hopf 分叉点 HB（σ_2=1.756）之间，双模态解有稳定的部分。比较图 6–1 和图 6–2 可知，面内平动平均速度的增大导致双模态解的存在范围增大。

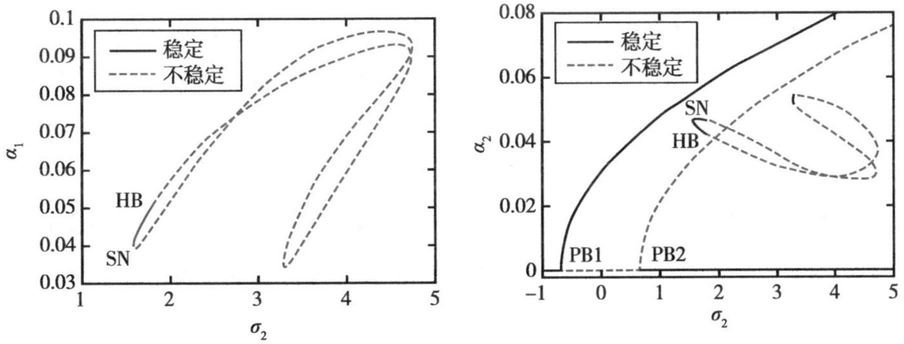

（a）第一阶模态　（b）第二阶模态

图 6–2　响应曲线及其稳定性（η=0.0002、γ_1=0.5、k=1 和 γ_0=4.08823）

若给定 η=0.00015、γ_1=0.5、k=1 和 γ_0=3.9243，当存在内共振时，图 6–3 给出了面内变速平动非线性黏弹性板在发生次谐波参数共振时的响应曲线以及平衡解的稳定性情况。其中实线表示稳定解；点线表示非稳定解。从图中可以看出，当 σ_2<–0.8534 或 σ_2>0.8534 时，存在零解，且为稳定的。当 –0.8534<σ_2<0.8534 时，存在零解，且为不稳定的。当 σ_2=–0.8534 和 σ_2=0.8534 时，分别发生超临界叉式分岔和亚临界叉式分岔。在极限点 SN（σ_2=0.64）和 hopf 分叉点 HB（σ_2=0.83）之间，双模态解有稳定的部分。比

较图 6–1 和图 6–3 可知，黏弹性系数的减小导致双模态解的存在范围增大。

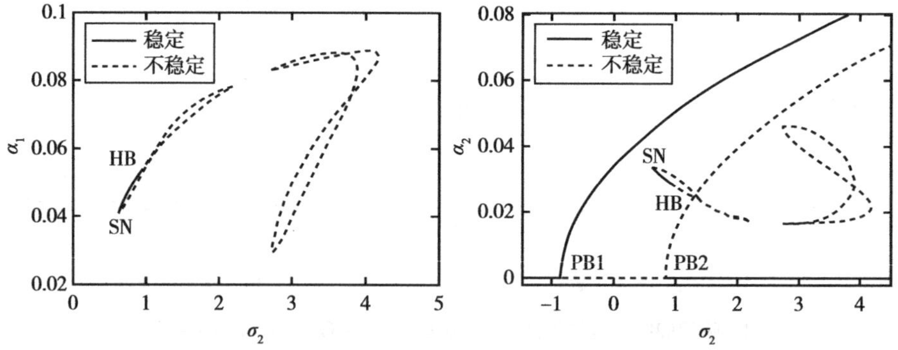

（a）第一阶模态　　（b）第二阶模态

图 6–3　响应曲线及其稳定性（η=0.00015、γ_1=0.5、k=1 和 γ_0=3.9243）

若给定 η=0.0002、γ_1=0.5、k=1.5 和 γ_0=3.9243，当存在内共振时，图 6–4 给出了面内变速平动非线性黏弹性板在发生次谐波参数共振时的响应曲线以及平衡解的稳定性情况。其中实线表示稳定解；点线表示非稳定解。从图中可以看出，当 σ_2<–0.7058 或 σ_2>0.7058 时，存在零解，且为稳定的。当 –0.7058<σ_2<0.7058 时，存在零解，且为不稳定的。当 σ_2=–0.7058 和 σ_2=0.1476 时，零平衡解失去稳定性，分别发生超临界叉式分岔和亚临界叉式分岔。比较图 6–1 和图 6–4 可知，非线性系数对双模态解的存在范围没有影响。

若给定 η=0.0002、γ_1=0.47、k=1 和 γ_0=3.9243，当存在内共振时，图 6–5 给出了面内变速平动非线性黏弹性板在发生次谐波参数共振时的响应曲线以及平衡

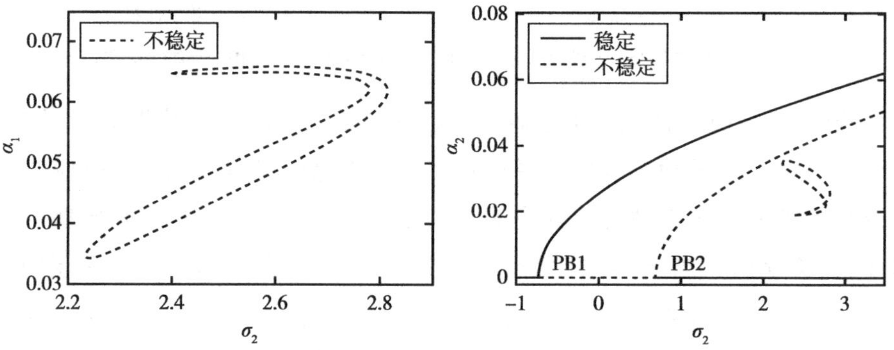

（a）第一阶模态　　（b）第二阶模态

图 6–4　响应曲线及其稳定性（η=0.0002、γ_1=0.5、k=1.5 和 γ_0=3.9243）

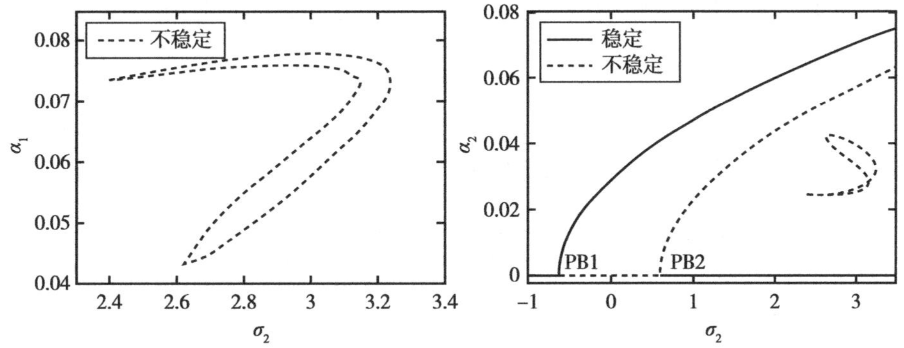

（a）第一阶模态　　（b）第二阶模态

图 6-5　响应曲线及其稳定性（η=0.0002、γ_1=0.47、k=1 和 γ_0=3.9243）

解的稳定性情况。其中实线表示稳定解；点线表示非稳定解。从图中可以看出，当 σ_2<–0.6155 或 σ_2>0.6155 时，存在零解，且为稳定的。当 –0.6155<σ_2<0.6155 时，存在零解，且为不稳定的。当 σ_2=–0.6155 和 σ_2=0.6155 时，零平衡解失去稳定性，分别发生超临界叉式分岔和亚临界叉式分岔。比较图 6–1 和图 6–5 可知，面内平动速度幅值的减小导致双模态解的存在范围增大。

第三节　数值验证

接下来这一节将运用微分求积法对前面应用直接多尺度法得到的稳态响应进行数值验证。其中，$\varepsilon=1$。

应用二维完全模型，式（6.1）相应的微分求积近似离散为

$$
\begin{aligned}
\ddot{w}_{ij} = & -2\gamma\sum_{k=2}^{N_x-1}A_{ik}^{(1)}\dot{w}_{kj} - \left(\gamma^2-1\right)\sum_{k=2}^{N_x-1}\tilde{A}_{ik}^{(2)}w_{kj} - \dot{\gamma}\sum_{k=2}^{N_x-1}A_{ik}^{(1)}w_{kj} - \eta\Bigg(\sum_{k=2}^{N_x-1}\tilde{A}_{ik}^{(4)}\dot{w}_{kj} \\
& + 2\xi^2\sum_{k=2}^{N_x-1}\tilde{A}_{ik}^{(2)}\sum_{l=2}^{N_y-1}\tilde{B}_{jl}^{(2)}\dot{w}_{kl} + \xi^4\sum_{l=2}^{N_y-1}\tilde{B}_{jl}^{(4)}\dot{w}_{il}\Bigg) - \zeta\Bigg(\sum_{k=2}^{N_x-1}\tilde{A}_{ik}^{(4)}w_{kj} + 2\xi^2\sum_{k=2}^{N_x-1}\tilde{A}_{ik}^{(2)}\sum_{l=2}^{N_y-1}\tilde{B}_{jl}^{(2)}w_{kl} \\
& + \xi^4\sum_{l=2}^{N_y-1}\tilde{B}_{jl}^{(4)}w_{il}\Bigg) - \eta\gamma\Bigg(\sum_{k=2}^{N_x-1}\tilde{A}_{ik}^{(5)}w_{kj} + 2\xi^2\cdot\sum_{k=2}^{N_x-1}\tilde{A}_{ik}^{(3)}\sum_{l=2}^{N_y-1}\tilde{B}_{jl}^{(2)}w_{kl} + \xi^4\sum_{k=2}^{N_x-1}A_{ik}^{(1)}\sum_{l=2}^{N_y-1}\tilde{B}_{jl}^{(4)}w_{kl}\Bigg) \\
& + 6k\zeta\Bigg[\Bigg(\sum_{k=2}^{N_x-1}\tilde{A}_{ik}^{(2)}w_{kj} + \mu\xi^2\cdot\sum_{l=2}^{N_y-1}\tilde{B}_{jl}^{(2)}w_{il}\Bigg)\Bigg(\sum_{k=2}^{N_x-1}A_{ik}^{(1)}w_{kj}\Bigg)^2 + \xi^2\Bigg(\mu\sum_{k=2}^{N_x-1}\tilde{A}_{ik}^{(2)}w_{kj} + \xi^2\sum_{l=2}^{N_y-1}\tilde{B}_{jl}^{(2)}w_{il}\Bigg) \\
& \Bigg(\sum_{l=2}^{N_y-1}B_{jl}^{(1)}w_{il}\Bigg)^2 + 2\xi^2\left(1-\mu\right)\Bigg(\sum_{k=2}^{N_x-1}A_{ik}^{(1)}w_{kj}\Bigg)\Bigg(\sum_{l=2}^{N_y-1}B_{jl}^{(1)}w_{il}\Bigg)\Bigg(\sum_{k=2}^{N_x-1}A_{ik}^{(1)}\sum_{l=2}^{N_y-1}B_{jl}^{(1)}w_{kl}\Bigg)\Bigg] \\
& \left(i=2,3,\cdots,N_x-1,\ j=2,3,\cdots,N_y-1\right)
\end{aligned}
\tag{6-59}
$$

应用一维简化模型，式（6–1）相应的微分求积近似离散为

$$
\begin{aligned}
\ddot{\phi}_i = & -2\gamma \sum_{k=2}^{N_x-1} A_{ik}^{(1)} \dot{\phi}_k - \eta \left(\sum_{k=2}^{N_x-1} \tilde{A}_{ik}^{(4)} \dot{\phi}_k - 2m^2\pi^2\xi^2 \sum_{k=2}^{N_x-1} \tilde{A}_{ik}^{(2)} \dot{\phi}_k + m^4\pi^4\xi^4 \dot{\phi}_i \right) \\
& - \dot{\gamma} \sum_{k=2}^{N_x-1} A_{ik}^{(1)} \phi_k - \left(\gamma^2 - 1\right) \sum_{k=2}^{N_x-1} \tilde{A}_{ik}^{(2)} \phi_k - \zeta \left(\sum_{k=2}^{N_x-1} \tilde{A}_{ik}^{(4)} \phi_k - 2m^2\pi^2\xi^2 \sum_{k=2}^{N_x-1} \tilde{A}_{ik}^{(2)} \phi_k \right. \\
& \left. + m^4\pi^4\xi^4 \phi_i \right) + \frac{3}{2} k\zeta \left[3 \left(\sum_{k=2}^{N_x-1} \tilde{A}_{ik}^{(2)} \phi_k - \mu m^2\pi^2\xi^2 \phi_i \right) \left(\sum_{k=2}^{N_x-1} A_{ik}^{(1)} \phi_k \right)^2 \right. \\
& \left. + m^2\pi^2\xi^2 \left(\mu \sum_{k=2}^{N_x-1} \tilde{A}_{ik}^{(2)} \phi_k - m^2\pi^2\xi^2 \phi_i \right) \phi_i^2 + 2m^2\pi^2\xi^2 (1-\mu) \left(\sum_{k=2}^{N_x-1} A_{ik}^{(1)} \phi_k \right)^2 \phi_i \right] \\
& - \eta\gamma \left(\sum_{k=2}^{N_x-1} \tilde{A}_{ik}^{(5)} \phi_k - 2m^2\pi^2\xi^2 \sum_{k=2}^{N_x-1} \tilde{A}_{ik}^{(3)} \phi_k + m^4\pi^4\xi^4 \sum_{k=2}^{N_x-1} A_{ik}^{(1)} \phi_k \right) \\
& \left(i = 2, 3, \cdots, N_x - 1 \right)
\end{aligned}
\tag{6–60}
$$

对于二维完全模型和一维离散模型来说，稳态响应的振幅分别为 $W_{sT'}=2\alpha_{sT'}|\psi_{sT'}|$ 和 $W_{sT'}=2\alpha_{sT'}|\varphi_{sT'}|$。图 6–6 给出了不同方法下面内变速平动非线性黏弹性板稳态响应的比较。图 6–6（a）对应的参数为 η=0.0002、γ_1=0.5、k=1 和 γ_0=3.9243。图 6–6（b）对应的参数为 η=0.0002、γ_1=0.5、k=1.5 和 γ_0=3.9243。实线代表直接多尺度方法近似解析结果；乘号线代表二维完全模型的微分求积法数值结果；黑点线代表一维离散模型的微分求积法数值结果。从图中可以看出，非线性系数的增大导致单模态解的幅值减小，而零解的失稳区域不变。二维完全模型和一维离散模型的微分求积法数值结果吻合得较好。这两种方法的数值结果与直接多尺度方法近似解析结果在定性上具有相同的趋势，而在定量

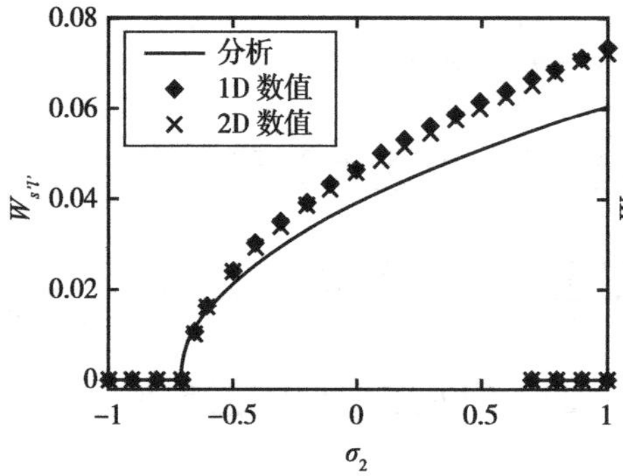

（a）η=0.0002、γ_1=0.5、k=1和γ_0=3.9243

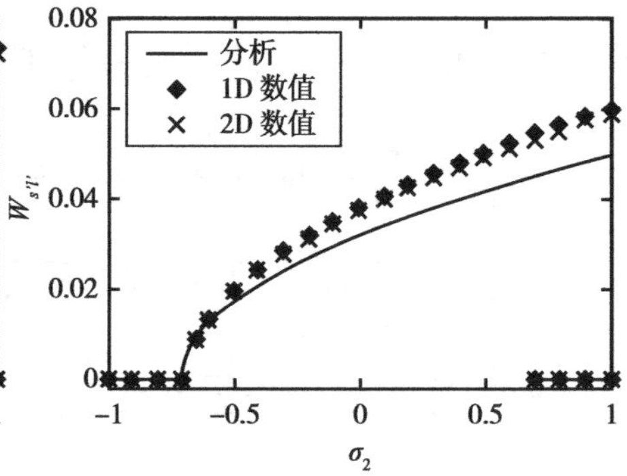

（b）η=0.0002、γ_1=0.5、k=1.5和γ_0=3.9243

图 6–6　不同方法下稳态响应曲线的比较

上有些差别。

从上面的结果可以看出，二维完全模型和一维离散模型的微分求积法数值结果不仅在定性上具有相同的趋势，在定量上的差别也很小。但是，二维完全模型的计算时间要比一维离散模型长得多。因此，在以下的算例中仅采用一维离散模型。

给定 $\eta=0.0002$、$\gamma_1=0.5$ 和 $k=1$，图 6–7 分别给出了不同方法下面内变速平动非线性黏弹性板稳态响应的比较。实线和黑点线分别代表当 $\gamma_0=3.9243$ 时直接多尺度方法近似解析结果和一维离散模型的微分求积法数值结果；虚线和乘号线分别代表当 $\gamma_0=4.08823$ 时直接多尺度方法近似解析结果和一维离散模型的微分求积法数值结果。从图中可以看出，面内平动平均速度的增大导致单模态解的幅值和零解的失稳区域减小。

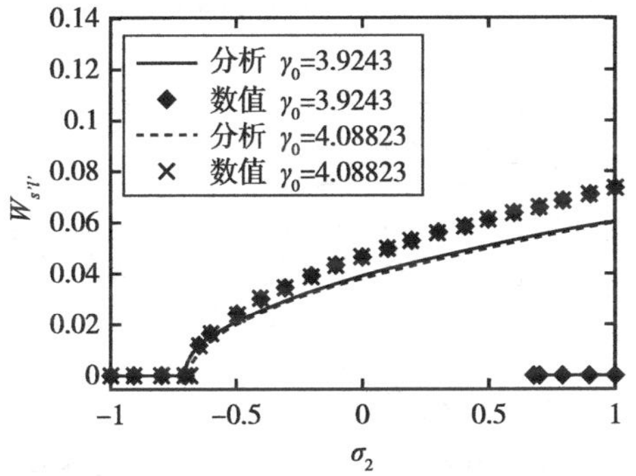

图 6–7　不同方法下稳态响应曲线的比较

给定 $\eta=0.0002$、$\gamma_0=3.9243$ 和 $k=1$，图 6–8 分别给出了不同方法下面内变速平动非线性黏弹性板稳态响应的比较。实线和黑点线分别代表当 $\gamma_1=0.5$ 时直接多尺度方法近似解析结果和一维离散模型的微分求积法数值结果；虚线和乘号线分别代表当 $\gamma_1=0.47$ 时直接多尺度方法近似解析结果和一维离散模型的微分求积法数值结果。从图中可以看出，面内平动速度幅值的增大导致单模态解的幅值和零解的失稳区域增大。

给定 $\gamma_0=3.9243$、$\gamma_1=0.5$ 和 $k=1$，图 6–9 分别给出了不同方法下面内变速平动非线性黏弹性板稳态响应的比较。实线和黑点线分别代表当 $\eta=0.0002$ 时直接多尺度方法近似解析结果和一维离散模型的微分求积法数值结果；虚线和

乘号线分别代表当 $\eta=0.00015$ 时直接多尺度方法近似解析结果和一维离散模型的微分求积法数值结果。从图中可以看出，黏弹性系数的增大导致单模态解的幅值和零解的失稳区域减小。

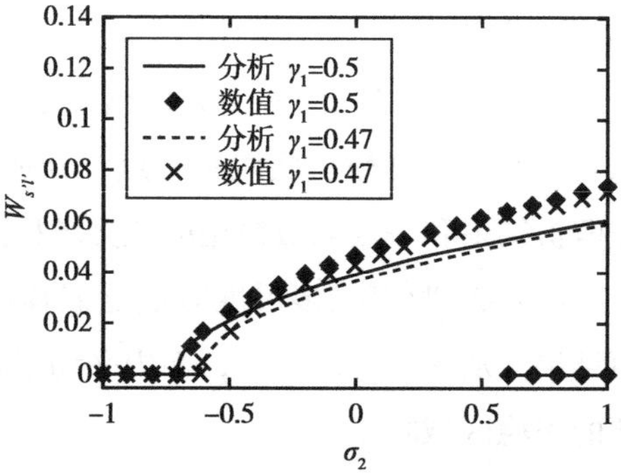

图 6-8 不同方法下稳态响应曲线的比较

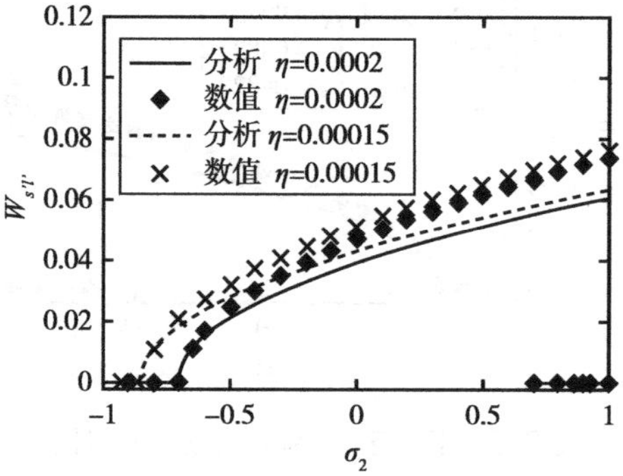

图 6-9 不同方法下稳态响应曲线的比较

第四节 小结

本章研究了有内共振时的面内变速平动非线性黏弹性板的稳态响应。在第四章的基础上，不计外激励项和高阶小量项，得到了其无量纲化的振动控制方程。采用直接多尺度法分析了其稳态响应，并根据可解性条件和 Routh-Hurwitz 判据判断了零解、单模态解和双模态解的稳定性。最后，发展了二维完全模型和一维离散模型的微分求积方法数值求解非线性偏微分方程。研究得到以下几个主要的结论：

（1）直接多尺度近似方法表明，响应曲线有三种解：零解、单模态解和双模态解。单模态解体现为硬弹簧的特性。双模态解仅仅对于特殊参数范围才存在。

（2）面内平动平均速度的增大导致零解的失稳区域减小、单模态解的幅值减小和双模态解的存在范围增大。

（3）黏弹性系数的减小导致零解的失稳区域增大、单模态解的幅值增大和双模态解的存在范围增大。

（4）非线性系数对零解的失稳区域和双模态解的存在范围没有影响，而导致单模态解的幅值减小。

（5）面内平动速度的减小导致零解的失稳区域减小、单模态解的幅值减小和双模态解的存在范围增大。

（6）二维完全模型和一维离散模型的微分求积法数值结果不仅在定性上具有相同的趋势，在定量上的差别也很小。这两种方法的数值结果与直接多尺度方法近似解析结果在定性上具有相同的趋势，而在定量上有些差别。

第七章

总结与展望

第一节　总结全文

本文以轴向运动梁和面内运动板为研究对象，建立了轴向运动梁和面内运动板的动力学模型，采用理论推导和数值验证两种方式研究了它们的振动特性。具体研究内容如下：

（1）使用能量法建立了轴向运动梁的积分—偏微分的数学模型，给出了其耦合控制方程组、非齐次边界条件以及初始条件。引入轴向变张力，从机理上导出了加速度与轴力的内在联系，将内共振引入到了动态稳定性的求解当中，导出了内共振时弱耗散系统的更加敏感的失稳边界。考虑了弹性地基、有限支撑刚度、黏弹性系数和黏性阻尼系数对参数共振和 3∶1 内共振的影响。使用微分求积法进行了数值验证。

研究结果表明，在一定的平均速度范围内，特殊位置的平均速度为 $\omega_2 \approx 3\omega_1$，此时可能发生 3∶1 内共振。当轴向速度脉动频率接近 2 倍的第一阶固有频率时，连续平衡变得不稳定，且产生稳定的稳态响应。给出了线性派生系统的前四阶复频率随轴向平均速度的增加的变化情况。在临界速度之前，系统是稳定的。当达到临界速度时，ω_1 消失。当 $2.28 \leqslant \gamma_0 \leqslant 2.43$ 时，系统再次稳定。当 $\gamma_0 \geqslant 2.44$ 时，系统发生颤振现象且系统再次失去稳定性。此后，系统变得更加复杂并再无稳定区域。当给定速度的脉动频率时，较大的地基刚度导致固有频率增大。较大的地基刚度导致临界速度增大；较大的黏弹性系数和黏性阻尼系数导致失稳区域增大，此外，黏弹性系数比黏性阻尼对零稳定边界更加敏感；分析得到响应曲线有零解和非零解（双模态解）。非零解具有硬弹簧特性，且其仅在某些参数范围内存在。当黏弹性系数非零时，非零解有在亚临界音叉分岔点有稳定分支；在超临界音叉分岔点有不稳定分支。当黏弹性系数等于零时，系统的变得更加复杂。虽然量很小，但还是有能量在前两阶模态中转换；在第二阶模态和零解的较小不稳定区间中，较大的黏弹性系数导致响应幅值减小；较大的黏性阻尼系数和轴向平均速度导致振荡响应幅值减小。结果表明微分求积法得到的数值结果和直接多尺度法得到的近似解吻合得非常好。同时，数值结果表明了在 3∶1 内共振的情况下，第一和第二阶模态会有能量交换；结果显示，把轴向运动黏弹性体的非齐次边界条件假设为是齐次边界条件的做法是合理的。

Timoshenko 梁的失稳区域图形关于解谐参数不再中心对称，而存在一个小的倾斜。在次谐波参数共振中，两种梁的失稳区域图形关于解谐参数中心对称；将直接多尺度方法和微分求积法分别求得的失稳区域进行比较，发现得到固有频率和稳定性边界不仅在定性上具有相同的趋势，在定量上也吻合得很好。

（2）研究了轴向变张力作用下面内运动板的自由振动。应用能量法导出了面内运动黏性阻尼板的横向振动偏微分方程、相应的边界条件和初始条件。采用直接多尺度法给出了对应于两种阻尼模型的四边简支板的控制方程，进而分析了带有黏性阻尼的面内平动阻尼板的固有频率、模态函数和临界速度。分别考虑了黏性阻尼系数、轴向速度、长宽比、刚度比和支承刚度对固有频率和临界速度的影响。使用微分求积法验证了直接多尺度法的解析结果。

研究结果表明，给出了系统的前八阶复频率与面内平均速度的关系。当 $\gamma \leqslant 8.98$ 时，系统处于稳定状态，当 $\gamma=8.99$ 时，第一阶固有频率消失并且第一阶衰减率出现，此时会发生压杆失稳现象，此时的平均速度称为临界速度。当 $\gamma \geqslant 12.10$ 时，系统前两阶固有频率发生耦合，颤振现象出现并且系统再次失去稳定性。此后，系统变得更加复杂并且再无稳定区域。当面内平动速度 $\gamma=8.1412$ 时，可得 $\omega_{12} \approx \omega_{21}$，此时会发生 1∶1 内共振，第 12 和第 21 阶固有频率的立方非线性导致参数共振或 1∶1 内共振，从而导致所涉及相互作用的两阶非线性模态之间有能量交换。研究发现，这两种不同黏性阻尼模型具有定性上的差别。在偏导模型中，平动速度增大致使第 11、第 21 和第 22 阶衰减率增大，但第 12 阶衰减率先增大后一直减小；在全导模型中，前四阶衰减率是一常数，其值恒为 $-c/2$。在偏导模型和全导模型中，平动速度增大致使前四阶固有频率减小，其变化趋势相同。如果在实验中给出两个不同的轴向速度，那么我们就可以判断哪种模型更接近工程实际。从观察模态图中可以看出，前四阶模态既不关于板中点对称也不关于板中心反对称。刚度比和长宽比的增大致临界速度增大；同样地，黏性阻尼的增大致使临界速度增大，但支撑刚度参数的增大致使临界速度减小，若设置参数 $c=2$、$\xi=1$ 和 $\zeta=1$ 时，全导模型的临界速度比偏导模型的临界速度大。微分求积法的数值结果验证了多尺度法得到的复频率和临界速度，结果表明直接多尺度法和微分求积法的结果吻合得非常好。首次使用微分求积法验证了模态函数，结果表明直接多尺度法和微分求积法求得的模态函数的结果吻合得非常好。

（3）分析了非齐次边界条件和轴向变张力作用下面内变速运动黏弹性板的动态稳定性。首先采用能量法，基于 Kelvin 黏弹性本构关系，得到了轴向变张力作用下面内变速运动板的控制方程、相应的边界条件和初始条件。采用直接多尺度法，重点考察了变张力对运动板动态稳定性的影响。将内共振引入到动态稳定性的求解当中，导出了内共振时弱耗散系统的更加敏感的失稳边界。分别考虑了黏弹性系数、黏性阻尼系数和其他参数对稳定性边界条件的影响。采用微分求积法对近似解析结果进行了数值验证。

研究结果表明，给出了系统的前八阶复频率与面内平均速度的变化关系，当 $\gamma_0 \leqslant 8.997$ 时，系统处于稳定状态；当 $\gamma_0=8.998$ 时，第一阶固有频率消失并且第一阶衰减率出现；当 $\gamma_0 \geqslant 11.196$ 时，第一阶固有频率和第二阶固有频率发生耦合，系统出现震颤现象并失稳。此后，系统变得更加复杂并且没有稳定区域。在组合参数共振和主共振中，若设置 σ 值时，黏弹性系数和黏性阻尼系数越大，稳定范围越大；而设置 γ_1 值时，失稳范围变小。黏弹性系数对稳定边界条件更敏感。在组合参数共振和主共振中，若设置 σ 值时，齐次边界条件（RHBC）下的稳定性范围比非齐次边界条件（RNHBC）下的稳定性范围小；而设置 γ_1 值时，齐次边界条件（RHBC）下的稳定性范围比非齐次边界条件（RNHBC）下的稳定性范围大。在组合参数共振中，若考虑纵向变张力并设置 σ 值时，支撑刚度参数变大，稳定范围也变大；而设置 γ_1 值时，失稳范围变小，当不考虑张力变化时，变化趋势与之前相反。直接多尺度法和微分求积法得到的系统的前四阶复频率吻合得非常好。对于直接多尺度法和微分求积法得到的组合参数共振和主共振的失稳区域，在性质上趋势相同，但在数量上有一定的差别。

（4）采用直接多尺度法研究了有内共振时的面内变速平动非线性黏弹性板的稳态响应。

研究结果表明，响应曲线有三种解：零解、单模态解和双模态解。单模态解体现为硬弹簧的特性；双模态解仅仅对于特殊参数范围才存在。面内平动平均速度的增大导致零解的失稳区域减小、单模态解的幅值减小和双模态解的存在范围增大，黏弹性系数的减小导致零解的失稳区域增大、单模态解的幅值增大和双模态解的存在范围增大，非线性系数对零解的失稳区域和双模态解的存在范围没有影响，而导致单模态解的幅值减小；面内平动速度的减小导致零解的失稳区域减小、单模态解的幅值减小和双模态解的存在范围增大，二维完全模型和一维离散模型的微分求积法数值结果不仅在定性上具有相同的趋势，在定量上的差别也很小。这两种方法的数值结果与直接多尺度方法近似解析结果在定性上具有相同的趋势，而在定量上有些差别。

第二节　展望

本文以轴向运动梁和面内运动板为研究对象，分别建立了轴向运动梁和面内运动板的动力学模型，采用理论推导和数值验证的方式研究了轴向运动梁和面内运动板的振动特性。由于研究工作越来越深入，因此在以后的工作中我们可以引入更为复杂的约束条件和扭矩，还可以考虑弯矩变化对梁和板横向振动效果的影响。

参考文献

一、中文文献

（一）期刊

[1] 陈立群，丁虎．轴向变速运动黏弹性梁稳态响应：近似分析及其数值验证［J］．中国科学，2009，39（1）：112–122.

[2] 陈树辉，黄建亮．轴向运动梁非线性振动内共振研究［J］．力学学报，2005，37（1）：57–63.

[3] 冯志华，胡海岩．直线运动柔性梁非线性动力学——主参数共振与内共振联合激励［J］．振动工程学报，2004，17（2）：126–131.

[4] 冯志华，胡海岩．直线运动柔性梁非线性动力学——组合参数共振与内共振联合激励［J］．振动工程学报，2004，17（3）：253–257.

[5] 黄建亮，陈树辉．轴向运动体系横向非线性振动的联合共振［J］．振动工程学报，2005，18（1）：9–23.

[6] 黄建亮，陈树辉．纵向与横向振动耦合作用下轴向运动梁的非线性振动研究［J］．振动与冲击，2011，30（8）：24–27.

[7] 杨晓东，唐有绮，戈新生．轴向运动 Timoshenko 梁固有频率的求解方法研究［J］．机械强度，2009，31（2）：208–210.

[8] 杨晓东，唐有绮．Timoshenko 模型轴向运动梁的横向振动特性分析［J］．机械强度，2008，30（6）：903–906.

（二）学位论文

[1] 丁虎．轴向运动梁横向非线性振动建模、分析和仿真［D］．上海：上海大学，2008.

[2] 唐有绮．轴向运动梁和面内平动板横向振动的建模与分析［D］．上

海：上海大学，2011.

[3] 唐有绮. 轴向运动梁横向非线性振动动力学特性分析 [D]. 沈阳：沈阳航空航天大学硕士学位论文，2008.

[4] 杨晓东. 轴向运动黏弹性梁的横向振动分析 [D]. 上海：上海大学，2004.

二、英文文献

[1] Aiken J. An account of some experiments on rigidity produced by centrifugal force [J]. *The London, English, and Dublin Philosophical Magazine and Journal of Science*, 1875, 5(29): 81–105.

[2] Chen L H, Zhang W, Yang F H. Nonlinear dynamics of higher-dimensional system for an axially accelerating viscoelastic beam with in-plane and out-of-plane vibrations [J]. *Journal of Sound & Vibration*, 2010, 329(25): 5321–5345.

[3] Chen L Q, Ding H, Lim C W. Principal parametric resonance of axially accelerating viscoelastic beams: Multi-scale analysis and differential quadrature verification [J]. *Shock & Vibration*, 2012, 19(4): 527–543.

[4] Chen L Q, Tang Y Q, Lim C W. Dynamic stability in parametric resonance of axially accelerating viscoelastic Timoshenko beams [J]. *Journal of Sound and Vibration*, 2010, 329: 547–565.

[5] Chen L Q, Tang Y Q, Zu J W. Nonlinear transverse vibration of axially accelerating strings with exact internal resonances and longitudinally varying tensions [J]. *Nonlinear Dynamics*, 2014, 76(2): 1443–1468.

[6] Chen L Q, Tang Y Q. Combination and principal parametric resonances of axially accelerating viscoelastic beams: Recognition of longitudinally varying tensions [J]. *Journal of Sound & Vibration*, 2011, 330(23): 5598–5614.

[7] Chen L Q, Tang Y Q. Parametric stability of axially accelerating viscoelastic beams with the recognition of longitudinally varying tensions [J]. *Journal of Vibration & Acoustics*, 2012, 134(1): 245–246.

[8] Chen L Q, Yang X D. Steady-state response of axially moving

viscoelastic beams with pulsating speed: comparison of two nonlinear models [J]. *International Journal of Solids & Structures*, 2005, 42 (1) : 37–50.

[9] Chen L Q, Zhang W. Adaptive vibration reduction of an axially moving string via a tensioner [J]. *International Journal of Mechanical Sciences*, 2006, 48 (12) : 1409–1415.

[10] Chen S H, Huang J L, Sze K Y. Multidimensional Lindstedt–Poincaré method for nonlinear vibration of axially moving beams [J]. *Journal of Sound & Vibration*, 2007, 306 (1–2) : 1–11.

[11] Chen Y H, Huang Y H, Shih C T. Response of an infinite Timoshenko beam on a viscoelastic foundation to a harmonic moving load [J]. *Journal of Sound & Vibration*, 2001, 241 (5) : 809–824.

[12] Ding H, Chen L Q. Nonlinear dynamics of axially accelerating viscoelastic beams based on differential quadrature [J]. *Acta Mechanica Solida Sinica*, 2009, 22: 267–275.

[13] Ghayesh M H, Amabili M, Païdoussis M P. Nonlinear dynamics of axially moving plates [J]. *Journal of Sound & Vibration*, 2013, 332 (2) : 391–406.

[14] Ghayesh M H, Amabili M. Non–linear global dynamics of an axially moving plate [J]. *International Journal of Non–Linear Mechanics*, 2013, 57 (4) : 16–30.

[15] Ghayesh M H, Balar S. Non–linear parametric vibration and stability analysis for two dynamic models of axially moving Timoshenko beams [J]. *Applied Mathematical Modelling*, 2010, 34: 2850–2859.

[16] Ghayesh M H, Balar S. Non–linear parametric vibration and stability of axially moving visco–elastic Rayleigh beams [J]. *International Journal of Solids & Structures*, 2008, 45 (25) : 6451–6467.

[17] Ghayesh M H, Kafiabad H A, Reid T. Sub– and super–critical nonlinear dynamics of a harmonically excited axially moving beam [J]. *International Journal of Solids & Structures*, 2012, 49 (1) : 227–243.

[18] Ghayesh M H, Kazemirad S, Amabili M. Coupled longitudinal–

transverse dynamics of an axially moving beam with an internal resonance [J]. *Mechanism & Machine Theory*, 2012, 52 (3) : 18–34.

[19] Ghayesh M H, Khadem S E. Rotary inertia and temperature effects on non–linear vibration, steady–state response and stability of an axially moving beam with time–dependent velocity [J]. *International Journal of Mechanical Sciences*, 2008, 50 (3) : 389–404.

[20] Ghayesh M H. Nonlinear forced dynamics of an axially moving viscoelastic beam with an internal resonance [J]. *International Journal of Mechanical Sciences*, 2011, 53 (11) : 1022–1037.

[21] H.R. Öz, M. Pakdemirli, H. Boyacı. Non–linear vibrations and stability of an axially moving beam with time–dependent velocity [J]. *International Journal of Non–Linear Mechanics*, 2001, 36 (1) : 107–115.

[22] Hatami S, Azhari M, Saadatpour M M. Exact and semi–analytical finite strip for vibration and dynamic stability of traveling plates with intermediate supports [J]. *Advances in Structural Engineering*, 2006, 9 (5) : 639–651.

[23] Hatami S, Azhari M, Saadatpour M M. Free vibration of moving laminated composite plates [J]. *Composite Structures*, 2007, 80 (4) : 609–620.

[24] Hatami S, Azhari M, Saadatpour M M. Stability and vibration of elastically supported, axially moving orthotropic plates [J]. *Iranian Journal of Science & Technology Transaction B Engineering*, 2006, 30 (B4) : 427–446.

[25] Hatami S, Ronagh H R, Azhari M. Exact free vibration analysis of axially moving viscoelastic plates [J]. *Computers & Structures*, 2008, 86 (17–18): 1738–1746.

[26] Hedrih K. Transversal vibrations of the axially moving sandwich belts [J]. *Archive of Applied Mechanics*, 2007, 77: 523–539.

[27] Huang J L, Su R K L, Li W H, et al. Stability and bifurcation of an axially moving beam tuned to three–to–one internal resonances [J]. *Journal of Sound & Vibration*, 2011, 330 (3) : 471–485.

[28] Jakšic N, Boltezar M. Viscously damped transverse vibrations of an axially–moving string [J]. *Journal of Mechanical Engineering*, 2005, 51: 560–

569.

[29] Kim J, Cho J, Lee U, et al. Modal spectral element formulation for axially moving plates subjected to in–plane axial tension [J]. *Computers & Structures*, 2003, 81 (20) : 2011–2020.

[30] Lee H P, Ng T Y. Dynamic stability of a moving rectangular plate subject to in–plane acceleration and force perturbations [J]. *Applied Acoustics*, 1995, 45 (94) : 47–59.

[31] Lee U, Kim J, and Oh H. Spectral analysis for the transverse vibration of an axially moving Timoshenko beam [J]. *Journal of Sound and Vibration*, 2004, 271: 685–703.

[32] Leissa A W. Recent studies in plate vibrations. 1981–1985: Part Ⅱ. Complicating effects [J]. *Sound Vibration Digest*, 1987, 19: 10–24.

[33] Lengoc L, Mccallion H. Wide bandsaw blade under cutting conditions, Part Ⅰ: Vibration of a plate moving in its plane while subjected to tangential edge loading [J]. *Journal of Sound & Vibration*, 1995, 186 (186) : 125–142.

[34] Lengoc L, Mccallion H. Wide bandsaw blade under cutting conditions, Part Ⅱ: Stability of a plate moving in its plane while subjected to parametric excitation [J]. *Journal of Sound & Vibration*, 1995, 186 (1) : 143–162.

[35] Lengoc L, Mccallion H. Wide bandsaw blade under cutting conditions, Part Ⅲ: Stability of a plate moving in its plane while subjected to non–conservative cutting forces [J]. *Journal of Sound & Vibration*, 1995, 186: 163–179.

[36] Li Y G, Aron D, Rahn C D. Adaptive vibration isolation for axially moving strings: theory and experiment [J]. *Automatica*, 2002, 38 (3) : 379–390.

[37] Li Y, Rahn C D. Adaptive vibration isolation for axially moving beams [J]. *IEEE/ASME Transactions on Mechatronics*, 2001, 5 (4) : 419–428.

[38] Lin C C, Mote C D. Equilibrium displacement and stress distribution in a two–dimensional, axially moving web under transverse loading [J]. *Journal of Applied Mechanics*, 1995, 62 (3) : 772–779.

[39] Lin C C. Finite Width Effects on the Critical Speed of Axially Moving Materials [J]. *Journal of Vibration & Acoustics*, 1998, 120 (2) : 633–634.

[40] Lin C C. Stability and vibration characteristics of axially moving plates [J]. *International Journal of Solids & Structures*, 1997, 34 (24) : 3179–3190.

[41] Luo A C J, Hamidzadeh H R. Equilibrium and buckling stability for axially traveling plates [J]. *Communications in Nonlinear Science & Numerical Simulation*, 2004, 9 (3) : 343–360.

[42] Luo Z, Hutton S G. Formulation of a three–node traveling triangular plate element subjected to gyroscopic and in–plane forces [J]. *Computers & Structures*, 2002, 80 (26) : 1935–1944.

[43] Marynowski K. Free vibration analysis of the axially moving Levy–type viscoelastic plate [J]. *European Journal of Mechanics–A/Solids*, 2010, 29 (5) : 879–886.

[44]Metrikine A V, Dieterman H A. Instability of vibrations of a mass moving uniformly along an axially compressed beam on a viscoelastic foundation [J]. *Journal of Sound & Vibration*, 1997, 201 (201) : 567–576.

[45] Mote C D. A study of band saw vibrations [J]. *Journal of the Franklin Institute*, 1965, 279 (6) : 430–444.

[46] Nguyen Q C, Hong K S. Asymptotic stabilization of a nonlinear axially moving string by adaptive boundary control [J]. *Journal of Sound & Vibration*, 2010, 329 (329) : 4588–4603.

[47] Panda L N, Kar R C. Nonlinear dynamics of a pipe conveying pulsating fluid with parametric and internal resonances [J]. *Nonlinear Dynamics*, 2007, 49 (1) : 9–30.

[48] Panda L N, Kar R C. Nonlinear dynamics of a pipe conveying pulsating fluid with combination, principal parametric and internal resonances [J]. *Journal of Sound & Vibration*, 2008, 309 (3–5) : 375–406.

[49] Riedel C H, Tan C A. Coupled, forced response of an axially moving strip with internal resonance [J]. *International Journal of Non–Linear Mechanics*, 2002, 37 (1) : 101–116.

[50] Sahoo B, Panda L N, Pohit G. Combination, principal parametric and internal resonances of an accelerating beam under two frequency parametric

excitation[J]. *International Journal of Non-Linear Mechanics*, 2015, 78: 35–44.

[51] Sahoo B, Panda L N, Pohit G. Parametric and Internal Resonances of an Axially Moving Beam with Time-Dependent Velocity [J]. *Modelling & Simulation in Engineering*, 2013, 5: 1–18.

[52] Sathyamoorthy M. Nonlinear vibration analysis of plates: a review and survey of current developments [J]. *Applied Mechanics Reviews*, 1987, 40 (11) : 1553–1561.

[53] Sze K Y, Chen S H, Huang J L. The incremental harmonic balance method for nonlinear vibration of axially moving beams [J]. *Journal of Sound & Vibration*, 2005, 281 (3–5) : 611–626.

[54] Tang Y Q, Chen L Q, Yang X D. Nonlinear vibrations of axially moving Timoshenko beams under weak and strong external excitations [J]. *Journal of Sound and Vibration*, 2009, 320: 1078–1099.

[55] Tang Y Q, Chen L Q, Yang X D. Parametric resonance of axially moving Timoshenko beams with time-dependent speed [J]. *Nonlinear Dynamics*, 2009, 58: 715–724.

[56] Tang Y Q, Chen L Q, Yang X D. Natural frequencies, modes and critical speeds of axially moving Timoshenko beams with different boundary conditions [J]. *International Journal of Mechanical Sciences*, 2008, 50: 1448–1458.

[57] Tang Y Q, Chen L Q, Zhang H J, et al. Stability of axially accelerating viscoelastic Timoshenko beams: Recognition of longitudinally varying tensions [J]. *Mechanism & Machine Theory*, 2013, 62 (4) : 31–50.

[58] Tang Y Q, Chen L Q. Natural frequencies, modes and critical speeds of in-plane moving plates [J]. *Advances in Vibration Engineering*, 2012, 11 (3) : 229–244.

[59] Tang Y Q, Chen L Q. Nonlinear free transverse vibrations of in-plane moving plates: Without and with internal resonances [J]. *Journal of Sound & Vibration*, 2011, 330 (1) : 110–126.

[60] Tang Y Q, Chen L Q. Parametric and internal resonances of in-plane accelerating viscoelastic plates [J]. *Acta Mechanica*, 2012, 223 (2) : 415–431.

[61] Tang Y Q, Chen L Q. Primary resonance in forced vibrations of in-plane translating viscoelastic plates with 3 : 1 internal resonance [J]. *Nonlinear Dynamics*, 2012, 69 (1–2) : 159–172.

[62] Tang Y Q, Chen L Q. Stability analysis and numerical confirmation in parametric resonance of axially moving viscoelastic plates with time-dependent speed [J]. *European Journal of Mechanics – A/Solids*, 2013, 37 (37) : 106–121.

[63] Ulsoy A G, Motejr. C D. Vibration of Wide Band Saw Blades [J]. *Journal of Engineering for Industry*, 1982, 104 (1) : 71–78.

[64] Wang X. Numerical analysis of moving orthotropic thin plates [J]. *Computers & Structures*, 1999, 70 (4) : 467–486.

[65] Wickert J A, Mote C D, Jr. Classical Vibration Analysis of Axially Moving Continua [J]. *Journal of Applied Mechanics*, 1990, 57 (3) : 738–744.

[66] Yang X D, Chen L Q, Zu J W. Vibrations and Stability of an Axially Moving Rectangular Composite Plate [J]. *Journal of Applied Mechanics*, 2011, 78 (1) : 1–26.

[67] Yang X D, Tang Y Q, Chen L Q, et al. Dynamic stability of axially accelerating Timoshenko beam: Averaging method [J]. *European Journal of Mechanics A/Solids*, 2010, 29: 81–90.

[68] Zabaras N, Pervez T. Viscous damping approximation of laminated anisotropic composite plates using the finite element method [J]. *Computer Methods in Applied Mechanics & Engineering*, 1990, 81 (3) : 291–316.

[69] Zhou Y F, Wang Z M. Dynamic Behaviors of Axially Moving Viscoelastic Plate with Varying Thicknessn [J]. *Chinese Journal of Mechanical Engineering*, 2009, 22 (2) : 276–281.

[70] Zhou Y F, Wang Z M. Transverse vibration characteristics of axially moving viscoelastic plate [J]. *Applied Mathematics & Mechanics*, 2007, 28 (2) : 209–218.

[71] Zhou Y F, Wang Z M. Vibrations of axially moving viscoelastic plate with parabolically varying thickness [J]. *Journal of Sound & Vibration*, 2008, 316 (1–5) : 198–210.